化学工业出版社“十四五”普通高等教育规划教材

国家级一流本科专业建设成果教材

U0887103

环境规划与管理

第二版

Environmental Planning and Management

刘立忠　杨　毅　主编

化学工业出版社
·北京·

内容简介

《环境规划与管理（第二版）》分为基础篇、原理和方法篇、规划篇、管理篇，共13章，其中基础篇（第1～3章）阐述了环境规划与管理的基础理论，突出环境规划与环境管理的产生、发展与创新，主要讲述我国的环境政策、法规、制度标准的体系和框架；原理和方法篇（第4、5章）主要阐述了环境规划与管理的原理和方法；规划篇（第6～10章）阐述了环境规划的基本程序与典型内容，注重实践案例应用，培养学生的创新意识和创新思维能力；管理篇（第11～13章）阐述了各环境要素和自然资源的环境管理内容，并对区域环境管理、行业环境管理、环境监察进行了讲解。本书配有在线题库，读者可扫二维码获取，教师亦可用“班级工具”创建班级，管理学生成绩。

本书适合作为高等学校环境科学、环境工程等专业的教材，也可供相关专业的技术人员学习参考。

图书在版编目（CIP）数据

环境规划与管理 / 刘立忠，杨毅主编. -- 2版. 北京 ：化学工业出版社，2025. 7. --（国家级一流本科专业建设成果教材）. -- ISBN 978-7-122-48320-1

Ⅰ. X32

中国国家版本馆CIP数据核字第20251LY337号

责任编辑：刘丽菲　　装帧设计：张　辉
责任校对：杜杏然

出版发行：化学工业出版社
（北京市东城区青年湖南街13号　邮政编码100011）
印　　装：大厂回族自治县聚鑫印刷有限责任公司
787mm×1092mm　1/16　印张11½　字数276千字
2025年9月北京第2版第1次印刷

购书咨询：010-64518888　　售后服务：010-64518899
网　　址：http://www.cip.com.cn
凡购买本书，如有缺损质量问题，本社销售中心负责调换。

定　　价：49.80元

前　言

本书的第一版自2022年出版以来，深受广大读者喜爱，已印刷几千册，本书配套的线上课程已在中国大学MOOC上线运行。

进入新时代，我国生态文明建设迈入系统性推进的关键阶段。碳达峰碳中和目标的提出、《中华人民共和国长江保护法》与《中华人民共和国黄河保护法》的相继实施、环境治理体系的持续完善，既为环境规划与管理实践注入了新内涵，又对学科理论体系的更新提出了迫切需求。西安建筑科技大学环境规划与管理教学团队，基于第一版教材的使用反馈，结合近年来环境政策的重大调整与学术研究的最新进展，完成了本次修订工作，力求使教材更贴合新时代生态文明建设的实践需求，更系统地呈现环境规划与管理的理论框架和技术方法。本教材是西安建筑科技大学环境科学和环境工程两个国家级一流本科专业建设的成果之一，作为新形态教材，配有“在线题库”，读者可扫二维码获取，教师还可以利用本书配套的“班级工具”创建班级，管理学生成绩。本教材适合48学时左右的教学安排。

本次修订的主要变化体现在三个维度：

其一，体系重构与逻辑深化。为强化理论基础的支撑作用，第二版将上一版第1章中的“环境规划与管理的理论基础”独立为第4章，并细化为生态学、可持续发展、“两山论”、环境经济学、系统论及管理二重性六个子体系，新增“环境容量”“环境承载力”等核心概念的解析，形成从原理到应用的完整链条。同时，在“规划篇”开篇增设“环境规划的原则和工作程序”，介绍环境功能区划的系统方法，使规划流程从目标设定、预测评价到方案优化的逻辑更为清晰，填补了第一版中专项规划与通用方法之间的衔接空白。

其二，政策时效与法律更新。针对近年来国家生态环境治理的重大举措，第二版在“环境规划与管理的方针、政策和制度”章新增碳交易、碳达峰与碳中和相关政策，系统梳理了“双碳”目标下的市场机制与调控工具；在“环境规划与管理的法律、法规和标准”章纳入2021年实施的《中华人民共和国长江保护法》和2023年实施的《中华人民共和国黄河保护法》，通过对这两部标志性流域法律的解读，展现我国环境立法从综合管控向区域特异性治理的深化。此外，修正了第一版中政策条款编号的疏漏，确保制度表述的严谨性。

其三，实践拓展与监管强化。为适应环境治理从末端控制向全过程监管的转型，第二版将原分散于各章的监察内容整合为独立的“环境监察”章节，系统阐述污染源监察、污染防治设施监察等实操方法，强化了管理环节的技术支撑。通过新旧案例的介绍，兼顾理论传承与实践创新。

本教材的修订始终遵循“理论-政策-技术”三位一体的逻辑，既反映了习近平生态文明思想的最新发展，又吸收了环境规划与管理领域的前沿成果。期望通过本次再版，为高等院校环境类专业师生提供更具系统性、时效性和实用性的教学资源，同时为从事环境规划、管理与监察的实务工作者提供有益参考。

本书由刘立忠和杨毅主编，参加编写的有：西安建筑科技大学刘立忠（第1～6、13章）、吕永涛（第7～10、12章）、杨毅（第6、11、13章）和刘伟（第12章）。本书的编写得到了许多老师与同事的帮助和支持；西安建筑科技大学的多届本科生和研究生为本教材的修订提出过积极的建议，在资料收集、加工等方面给予了诸多帮助。在此一并表示感谢。

由于编者水平有限，书中难免存在疏漏，恳请读者批评指正。

编　者

2025年1月

目 录

基 础 篇

规 划 篇

管 理 篇

基 础 篇

第1章 概述

1.1 管理思想理论的萌芽与发展及环境规划

1.1.1 管理思想理论的萌芽与发展

在人类发展的长河中，管理的观念和实践已经存在了数千年，但真正的“管理”从19世纪末逐渐开始形成一门学科。纵观管理思想发展的全部历史，大致可以划分为4个阶段：

第一阶段为古典的管理思想，产生于19世纪末到1930年之间，以泰勒与法约尔等人的思想为代表。

第二阶段为中期的管理思想，产生于1930年到1945年之间，以梅奥与巴纳德等人的思想为代表。

第三阶段为现代管理思想，产生于1945年到1979年之间。这一时期管理领域非常活跃，出现了一系列管理学派，每一学派都有自己的代表人物。

第四阶段为后现代管理思想，是指适应21世纪经济、社会环境巨大变化的企业管理。后现代管理思潮源于20世纪80年代的美国，以彼得·德鲁克与汤姆·彼得斯等人的思想为代表。

(1) 古典的管理思想

① 科学管理（泰勒）。美国的泰勒，是古典管理理论的创始人之一，于1856年出生在宾夕法尼亚的杰曼顿，在费城米德瓦尔钢铁公司工作。他在管理过程中发现，生产的低效率

是因为工人普遍有“磨洋工”的倾向，并确信工人的生产率只达到应有水平的1/3。于是，他开始在车间里用科学方法来纠正这种状况。泰勒做了秒表测时实验、搬运生铁实验、铁锹实验、金属切削实验等，并将一系列实验及所得到的结论写进了《科学管理原理》中。

泰勒理论把“物”看作主要的管理对象（管物说），而把“人”只看成是“物（如机器）”的附属品，其管理活动是围绕如何提高工作效率、改进工作方法来进行的。

泰勒的企业管理理论被称为“科学管理”，泰勒在历史上第一次使管理从经验上升为科学，后人尊称他为“科学管理之父”。

② 一般管理（法约尔）。法国的亨利·法约尔，是和泰勒并驾齐驱的古典管理理论的创始人之一。法约尔一直从事领导工作，他的研究与泰勒的不同之处在于，其关注的焦点是整个组织，其代表作是《工业管理和一般管理》，首先提出了一般管理的14条原则：劳动分工、权力与责任、纪律、统一指挥、统一领导、个人利益服从集体利益、合理的报酬、适当的集权和分权、跳板原则、秩序、公平、保持人员稳定、首创精神和人员的团结。

法约尔管理思想的另一内容，是他首先把管理活动划分为“计划、组织、指挥、协调与控制”五大职能（五职能说），并对这五大管理职能进行了详细的分析和讨论。

“法约尔桥”原理指在层级划分严格的组织中，为提高办事效率，两个分属不同系统的部门遇到只有协作才能解决的问题时，可先自行商量、自行解决，只有协商不成时才报请上级部门解决。后人尊称他为“管理理论之父”。

③ 行政组织管理（韦伯）。德国的马克思·韦伯，出生于一个有着广泛社会和政治联系的富有家庭，学识渊博，毕生从事学术研究，涉及社会学、政治学、经济学和宗教等领域，学术上颇有成就。马克思·韦伯提出了所谓理想的行政组织体系理论，从而被称为“组织理论之父”，主要著作有《经济史》《新教伦理和资本主义精神》《社会组织和经济组织理论》等。

韦伯的理论核心是组织活动要通过职务或职位而不是通过个人或世袭地位来管理。

(2) 中期的管理思想

① 人际关系学说（梅奥）。由美国哈佛大学梅奥教授创立的“人际关系学说”为后来的行为科学研究奠定了基础。人际关系学说的创立来源于霍桑实验的结果，研究企业中生产条件变换与工人生产效率之间的关系，试验内容包括照明试验、继电器装配室试验、访谈试验、接线板小组观察研究等，梅奥在“霍桑实验”的基础上创立了人际关系学说，其基本观点是：职工是“社会人”、正式组织中存在着“非正式组织”、新的领导方式。

人际关系学说克服了古典管理理论的不足，奠定了行为科学的基础，为管理思想的发展开辟了新的领域，成为管理学的第二个里程碑，行为科学由此而兴起。但它过分强调非正式组织的作用，过多地强调感情的作用，似乎职工的行动主要受感情和关系支配，过分否定经济报酬、工作条件、外部监督、作业标准的影响。

梅奥的理论是针对泰勒理论的致命弱点——忽视人的因素而产生的，也可称之为“管人说”。其理论对现代管理学的发展有着重要影响，促使管理发生了重大转变；由原来的以“事”为中心的管理，发展到以“人”为中心的管理；由原来的对“纪律”的研究，发展到研究“行为”；由原来的“监督管理”，发展到“人性激发管理”；由原来的“独裁式”管理，发展到“参与管理”。梅奥的代表作品是《工业文明的人类问题》。

② 组织理论（巴纳德）。巴纳德是对中期管理思想有卓越贡献的学者，其代表作品为《经理的职能》。该著作介绍了巴纳德组织理论的四点核心内容：组织是一个合作系统、组织

存在要有 3 个基本条件（明确的目标、协作的意愿和良好的沟通）、组织效力与组织效率原则和权威接受论。

巴纳德的理论具有广泛的影响，他用社会的、系统的观点来分析管理，这是他的独到之处，后人把他的主要观点归纳起来称为社会系统学派。

(3) 现代管理思想

从目前看来，西方现代管理思想大致可分为 7 大学派，即管理程序学派、行为科学学派、决策理论学派、系统管理理论学派、权变理论学派、管理科学学派和经验主义学派。

① 管理程序学派。管理程序学派是在法约尔管理思想的基础上发展起来的，代表人物有哈罗德·孔茨和西里尔·奥唐奈，其代表作为他们两人合著的《管理学》。

管理程序学派视管理为一种程序和许多相互关联着的职能，尽管对管理职能分类的数量有所不同，但都含有计划、组织和控制职能，强调管理职能的共同性，任何组织尽管它们的性质不同，但所应履行的基本管理职能是相同的。

② 行为科学学派。行为科学学派是在人际关系学说的基础上发展起来的。代表人物有美国的马斯洛和赫兹伯格等。美国的马斯洛，其代表作为《人类动机的理论》和《激励与个人》，赫兹伯格，其代表作为《工作的激励因素》《工作与人性》等。该学派认为管理是经由他人达到组织的目标，管理中最重要的因素是对人的管理，所以要研究人、尊重人和关心人，满足人的需要以调动人的积极性，并创造一种能使下级充分发挥力量的工作环境，在此基础上指导他们的工作。

③ 决策理论学派。决策理论学派是从社会系统学派发展而来的。代表人物为赫伯特·西蒙，其代表作为《行政管理行为》《管理决策新科学》。西蒙因在决策理论方面的贡献，荣获 1978 年的诺贝尔经济学奖。该学派认为管理的关键在于决策，管理必须采用一套制订决策的科学方法，要研究科学的决策方法以及合理的决策程序。

西蒙的大部分思想是现代企业经济学和管理科学的基础。

④ 系统管理理论学派。系统管理理论侧重于用系统的观念来考察组织结构及管理的基本职能，它来源于一般系统理论和控制论。代表人物有卡斯特（F. E. Kast）等人，其代表作为《系统理论和管理》。

系统管理理论学派认为，组织是由人们建立起来的，相互联系并且共同工作着的要素（如“人、物、资金、信息和时空”五要素）所构成的系统，这些要素被称为子系统。组织这个系统中的任何子系统的变化都会影响其他子系统的变化。为了更好地把握组织的运行过程，就要研究这些子系统和它们之间的相互关系，以及它们怎样构成了一个完整的系统。

⑤ 权变理论学派。权变理论是一种较新的管理理想，代表人物有英国的伍德沃德等人。其代表作为《工业组织：理论和实践》。权变理论认为，环境的复杂性给有效的管理带来困难，从而以前各种管理理论所适用的范围就十分有限，例外的情况越来越多。没有任何一种理论和方法适用于所有情况。因此，管理方式或方法也应该随着情况的不同而改变。为了使问题得到解决，要进行大量的调查和研究，然后把组织的情况进行分类，建立模式，据此选择适当的管理方法。

⑥ 管理科学学派。管理科学学派又称数理学派，它是泰勒科学管理理论的继续和发展。代表人物有美国的伯法等人，其代表作为《生产管理基础》。

有时人们把数理学派、决策学派和系统学派统称为管理科学学派，其特点是借助于数学模型和计算机技术研究管理问题，偏于定量的研究。

⑦ 经验主义学派。经验主义学派的代表人物主要有戴尔和德鲁克。戴尔的代表作有《伟大的组织者》；德鲁克的代表作有《管理实践》和《管理——任务、责任、实践》等。

这一学派主要从管理者的实际管理经验方面来研究管理，认为成功的组织管理者的经验是最值得借鉴的。因此，他们重点分析成功组织管理人员的经验，加以概括，找出他们成功经验中具有共性的东西，然后使其系统化和理论化，并据此向管理人员提供实际的建议。

(4) 后现代管理思想

① 后现代世界（彼得·德鲁克）。1957 年，彼得·德鲁克出版了《未来的里程碑——关于新的后现代世界的报告》，率先提出了“后现代”概念，把后现代世界称作“尚未命名的时代”，被誉为 20 世纪不朽的思想大师。他主要分析了后现代世界的转向，即未来的四个里程碑（第一个里程碑，是基于生物学的世界观代替了基于机械学的笛卡尔世界观；第二个里程碑，是他所发现的、从进步到创新的转变中所包含的对“秩序的新理解”；第三个里程碑是更加庞大的组织；第四个里程碑是教育）。

他所指出的这四个里程碑直到今天仍然矗立着，并且奠定了后现代企业的社会基础。

②“范式的革命”（汤姆·彼得斯）。汤姆·彼得斯是 20 世纪不朽的管理大师。《经济学人》杂志称其为“管理大师中的大师”，《商业周刊》称其为“商业的最佳伙伴和最恐怖的梦魇”，《洛杉矶时报》称其为“后现代企业之父”，《财富》杂志则声称“我们生活在一个汤姆·彼得斯时代”。

汤姆·彼得斯的代表作有《追求卓越》和《追求卓越的激情》，主张让管理者回到“实践常识”——贴近客户、走动式管理。领导的要素包括关注、象征、戏剧、愿景与爱，把管理作为一门艺术和象征符号行为来对待。

在《解放型管理》一书中，汤姆·彼得斯阐述了后现代企业及管理的特点，认为企业组织不应设计得像由硬石头垒成的金字塔，而应该像一个嘉年华式的聚会场所。

③ 后现代企业（张曙光）。1996 年，中国著名经济学家张曙光教授提出“后现代企业”概念，用以指与农业经济、工业经济时代完全不同的企业模式，这是伴随知识经济概念的提出而提出的。与此同时，其他国内学者则采用了不同的概念。他将企业制度发展划分为三种形式：一是古典式企业和企业制度；二是现代企业和股份公司制度；三是后现代式企业和企业制度。

张曙光教授在《企业理论创新及分析方法改造——兼评张维迎的〈企业的企业家——契约理论〉》一文中说：“在后现代式企业和企业制度中，由于管理者分享部分剩余，从而也就具备了企业所有者和财产所有者的双重身份。表面看来，这与资本家出任管理者的情况没有什么差别，实际上，这里存在着一个反向的过程。不是委托人选择代理人，而是代理人变成委托人；不是委托权的初次分配，而是委托权的重新分配；不是资本雇佣劳动，而是劳动雇佣资本。”

④ 后现代企业（安同良、郑江淮）。南京大学商学院的安同良和郑江淮在《经济理论与经济管理》2002 年第 3 期发表的《后现代企业理论的兴起：对企业的新古典、契约和能力理论范式的超越》一文中，提出了后现代企业观点：“完整的企业理论，必须能从企业发展史及启示未来的角度，提供令人信服的与企业发展实际相符的答案。在当今占据企业理论主导地位的三种理论中，无论是新古典经济学，还是企业的契约理论以及企业能力理论，都没有提供一个历史的、逻辑一致而又具有广泛解释性的答案。”

他们因此提出一种综合性企业理论，即后现代企业理论：

a. 企业作为一种与国家、市场、家庭并列的制度形式，其制度选择过程是一个历史的、耗时的演进过程；

b. 企业的本质是生产功能；

c. 企业在生产过程中，在协调成本与收益的权衡后，才涉及组织与参与者之间的具体契约，即企业的生产功能促成了契约的安排；

d. 企业是在管理协调下人力资源与其他非人力资源的集合体，其增长与发展是基于知识积聚的进化过程；

e. 在快速变革的知识经济条件下，企业行为与战略的“动态能力”是企业竞争优势的源泉。

1.1.2 世界环境规划与管理思想理论发展的四个路标

(1) 第一个路标

① 会议背景。一批科学家积极参与到环境问题的研究中来，陆续发表了许多报告和著作，形成了有代表性的观点和学派，如蕾切尔·卡逊的《寂静的春天》，罗马俱乐部的《增长的极限》等。20 世纪 70 年代初期，上述学者及其著作推动公众参与各种民间环境活动，促进了人类对环境问题的第一个路标的出现。

② 联合国人类环境会议的主要成果。为保护和改善环境，1972 年 6 月 5—16 日在瑞典首都斯德哥尔摩召开的第一次讨论当代环境问题的国际会议，各国政府代表团及政府首脑、联合国机构和国际组织代表参加，此次会议的召开，标志着人类环境意识的觉醒，是全球环境保护发展上的第一个路标。

会议的目的是要促使人类和各国政府，注意人类的活动正在破坏自然环境，并给人类的生存和发展造成了严重的威胁。会议呼吁各国政府和人民为维护和改善人类环境，造福全体人民，造福子孙后代而共同努力。

会议通过了全球性保护环境的《人类环境宣言》和《行动计划》，号召各国政府和人民为保护和改善环境而奋斗，它开创了人类社会环境保护事业的新纪元。联合国人类环境会议宣言又称斯德哥尔摩人类环境会议或人类环境宣言，阐明了与会国和国际组织所取得的七点共同看法和二十六项原则，以鼓舞和指导世界各国人民保护和改善人类环境。同年的第 27 届联合国大会，把每年的 6 月 5 日定为“世界环境日”。

(2) 第二个路标

① 会议背景。1983 年，法国经济学家佩鲁的著作《新发展观》出版，成为经济社会综合发展观的标志性著作。该著作提出了“整体的”“内生的”“综合的”“以人为中心的”“关注文化价值的”新发展理论，并称之为“新发展观”。

1984 年，联合国世界环境与发展委员会（WCED）成立后，1987 年，在委员会主席、挪威首相布伦特兰夫人的领导下，编写了《我们共同的未来》，这是关于人类未来的纲领性文献报告。《我们共同的未来》以丰富的资料论述当今世界环境与发展方面存在的问题，提出了处理这些问题的具体的和现实的行动建议。报告分“共同的问题”、“共同的挑战”和“共同的努力”三个部分，共 12 章，郑重地宣告了 WCED 的总观点“从一个地球到一个世界”，明确提出可持续发展战略，即“满足当代人的需要，又不对后代人满足其需要的能力构成危害的发展”。

② 联合国环境与发展会议的主要成果。联合国于1992年6月3—14日在巴西里约热内卢召开会议（里约峰会），这是继1972年6月斯德哥尔摩联合国人类环境会议之后，环境与发展领域中规模最大、级别最高的一次国际会议。有183个国家代表团和70个国际组织的代表参加了会议，有102位国家元首或政府首脑到会讲话。这次会议被认为是人类迈入21世纪前，意义最为深远的一次世界性会议，是全球环境保护发展史上的第二个路标，标志着人类对环境与发展的认识提高到了一个崭新阶段。

会议围绕“环境与发展”这一主题，在维护发展中国家主权和发展权，发达国家提供资金和技术等根本问题上进行了艰苦的谈判。最后通过了《关于环境与发展的里约热内卢宣言》、《21世纪议程》和《关于森林问题的原则声明》3项文件。会议期间，对《联合国气候变化框架公约》和《联合国生物多样性公约》进行了开放签字，可持续发展得到世界最广泛和最高级别的政治承诺。这些会议文件和公约有利于保护全球环境和资源，要求发达国家承担更多的义务，同时也照顾到发展中国家的特殊情况和利益。

(3) 第三个路标

① 会议背景。里约联合国环境与发展会议之后，国际社会在可持续发展领域出现了许多积极变化。《气候变化框架公约》、《生物多样性公约》和《荒漠化公约》等诸多环境公约相继生效；各国政府将可持续发展纳入本国经济和社会发展战略，80多个国家向联合国可持续发展委员会提交了执行《21世纪议程》的国家报告；各国际组织致力于可持续发展；可持续发展观念深入人心，民间环保组织遍布全球；国际社会从总体上对各项环境问题的研究更加深入，政策措施日益具体化。

联合国环境规划署发表的2000年环境报告指出，全球环境形势依然严峻，尽管一些国家在控制污染方面取得了进展，环境退化速度放缓，但总体上全球环境恶化的趋势仍没有得到扭转，环境恶化已直接威胁全球的经济和社会发展。

2000年9月，联合国召开了千年首脑会议，在这场历来规模最大的世界领袖聚会上，150位与会国家与政府元首通过了《联合国千年宣言》，将《21世纪议程》与1992年以来联合国举行的重大会议相关结论，汇总成21世纪人类发展的努力目标。2000年12月，联合国大会决定在2002年召开首脑会议，对于里约峰会的实施情况进行十年审查。

② 联合国可持续发展首脑会议主要成果。2002年8月26日至9月4日，联合国可持续发展世界首脑会议在南非约翰内斯堡举行，包括104个国家元首和政府首脑在内的192个国家和地区的代表以及国际组织、非政府团体的代表2万余人出席了会议，4000多家媒体向全世界报道了大会盛况。中国政府代表团出席了会议。可持续发展世界首脑会议是继1992年联合国环境与发展大会后的又一次盛会，是人类认识环境与发展问题的第三个路标。

可持续发展世界首脑会议产生了两项最终成果：《执行计划》和《政治宣言》。

《执行计划》的通过是这次大会取得的主要成果，首先重申对世界可持续发展具有奠基石作用的里约峰会的原则和进一步全面贯彻实施《21世纪议程》，认为《执行计划》是里约峰会原则的继续，强调全方位采取具体行动和措施，包括执行“共同而有区别的责任”的原则在内，实现世界的可持续发展。

《政治宣言》强调了世界各国领导人对促进和加强环境保护、社会和经济发展肩负的集体责任和做出的政治承诺；重申里约峰会的原则和全面执行《21世纪议程》的重要性；欢迎约翰内斯堡承诺对人类基本需求的重视，认识到技术、教育、培训和创造就业的重要性；同意保护和恢复地球的生态一体化系统，强调保护生物多样性和地球上所有生命的自然延续。宣言最后呼吁联合国监督这次峰会所取得的成果的贯彻执行，承诺团结一切力量拯救地球，促进人类发展和赢得全人类的繁荣与和平，并向全世界人民宣告：相信人类可持续发展的共同愿望定能实现。

(4) 第四个路标

① 会议背景。1987 年，世界环境与发展委员会将可持续发展定义为："满足当代人的需求而又不损害子孙后代发展的需要"。可持续发展已成为全球长期发展的指导方针，旨在以平衡的方式，实现经济效益、社会效益和环境效益的三效统一。

1992 年，国际社会聚集在巴西里约热内卢，讨论实施可持续发展的具体方法和行动计划，在 2002 年的可持续发展问题世界首脑会议上，通过了执行计划。2012 年，世界各国领导人再次聚集在里约热内卢，围绕"可持续发展和消除贫困背景下的绿色经济"和"促进可持续发展机制框架"两大主题，就 20 年来国际可持续发展各领域取得的进展和存在的差距进行深入讨论，在全球环境保护发展史上树立起第四个路标。

② 主要成果。2012 联合国可持续发展大会，是自 1992 年联合国环境与发展大会和 2002 年可持续发展世界首脑会议后，国际可持续发展领域举行的又一次重要会议。近 130 位国家元首和政府首脑出席会议，与会代表超过 5 万人。

大会最终达成了题为"我们憧憬的未来"的成果文件。这份文件内容全面、基调积极、总体平衡，反映了各方主要关切，体现了国际社会的合作精神，展示了未来可持续发展的前景，对于确立全球可持续发展方向具有重要指导意义。本次大会取得了五方面的积极成果：

a. 重申了"共同但有区别的责任"原则，使国际发展合作指导原则免受侵蚀，维护了国际发展合作的基础和框架；

b. 决定发起可持续发展目标讨论进程，就加强可持续发展国际合作发出重要和积极信号，为制订 2015 年国际发展议程提供重要指导；

c. 肯定绿色经济是实现可持续发展的重要手段之一，鼓励各国根据不同国情和发展阶段实施绿色经济政策；

d. 决定建立高级别政治论坛，取代联合国可持续发展委员会，加强联合国环境规划署职能，有助于提升可持续发展机制在联合国系统中的地位和重要性；

e. 敦促发达国家履行官方发展援助承诺，要求发达国家以优惠条件向发展中国家转让环境友好型技术，帮助发展中国家加强能力建设。

1.1.3 我国环境规划与管理思想理论发展的四座里程碑

(1) 第一座里程碑

1972 年，中国代表团参加了第一次联合国人类环境会议。1973 年 8 月 5 日，国务院召开首次全国环境保护会议，制定了《关于保护和改善环境的若干规定（试行草案）》，这是我国第一部环境保护的综合性法规，从此，我国的环境保护事业艰难起步了，在环境规划与管理的发展史上确立了第一座里程碑。

1974 年国务院环境保护领导小组成立，1975 年国务院环境保护领导小组将《关于环境保护的 10 年规划意见》和具体要求印发各省、自治区、直辖市和国务院各部门参照执行。

党的十一届三中全会以后，我国进入了一个新的历史发展时期，工作重点转移到以经济建设为中心的现代化建设上来，环境保护工作开始列入党和国家的重要议事日程。1978 年国家颁布了新宪法："国家保护环境和自然资源，防治污染和其他公害。"首次将环境保护确定为政府的一项基本职能。1979 年国家颁布了《中华人民共和国环境保护法（试行）》，明确规定了各级环保机构设置的原则及其职责，从而为我国环保机构的建设提供了法律依据。

1981 年国务院作出《关于在国民经济调整时期加强环境保护工作的决定》，1983 年国务院作出《关于结合技术改造防治工业污染的几项规定》，同年 12 月召开了第二次全国环境保护会议。这次会议标志我国的环境管理进入一个崭新的阶段，为开创环境保护工作的新局面，奠定了思想和政策基础。会议提出了环境保护是我国的一项基本国策和同步发展方针，是环境保护工作战略思想的大突破、大转变，是环境管理认识上的一次重大飞跃。

1984 年国务院作出《关于环境保护工作的决定》，成立国务院环境保护委员会，建设部属环保局改为部管国家环保局，1988 年国家环保局升格为国务院直属局。

1989 年 5 月召开的第三次全国环境保护会议，正式推出了新的五项环境管理制度，概括了多年来各地在环境管理实践中摸索、创造的成功经验，是我国在实践中形成的环境规划与管理战略总体构想的体现和深化，适应了强化环境管理新形势的需要。

在环境规划与管理模式探索的过程中，我国明确地提出要开拓有中国特色的环境保护道路。在大政方针上，以环境与经济协调发展为宗旨，把在 20 世纪 80 年代初以来陆续提出的预防为主、谁污染谁治理和强化环境管理等政策思想确定为环境保护的三大政策；在具体制度措施上，形成了以相关法律、环境管理制度为主要内容的一套环境管理体系，促使环境规划与管理工作由"一般号召"走上"靠法律、制度管理"的轨道。

(2) 第二座里程碑

1992 年召开的联合国环境与发展会议，对我国环境保护事业步入发展阶段起到了重要推动作用。20 世纪 90 年代，我国污染防治（尤其工业）的主要特征，开始实行"三大转变"：从末端治理向全过程控制转变；从单纯浓度控制向浓度控制与总量控制相结合转变；从分散治理向分散治理与集中治理相结合转变。这是在环境规划与管理发展史上确立的第二座里程碑。

1992 年 8 月，党中央、国务院批准了《中国环境与发展十大对策》，明确提出了实行可持续发展战略及主要对策措施。此后，我国环境规划与管理在可持续发展战略的指引下，开创了崭新的发展阶段。

1994 年 3 月，国务院发布《中国 21 世纪议程——中国 21 世纪人口、环境与发展白皮书》，确定了实施可持续发展战略的行动目标、政策框架和实施方案。

1994 年 8 月，国家计委和国家环保局联合颁布了《环境保护计划管理办法》，规范了环境规划与管理工作。

1996 年 7 月，第四次全国环境保护会议召开。会议提出了《国家环境保护"九五"计划和 2010 年远景目标》，明确"实施污染物排放总量控制计划"和"中国跨世纪绿色工程计划"。

1998 年，国家环保总局颁布了《全国环境保护工作（1998—2002）纲要》，提出了"一控双达标"和"33211 工程"，加大了重点地区和重点流域的治理力度。

2002 年 1 月，第五次全国环境保护会议召开，会议提出了《国家环境保护“十五”计划》，明确了“十五”期间努力完成“控制污染物排放总量”“改善重点地区环境质量”“节制生态恶化趋势”三大任务。

在联合国环境与发展会议后的十年期间，我国环境规划与管理方面由传统发展方式开始转向可持续发展模式、由环境污染治理进入自然生态的恢复与建设阶段、由对局部地区的工业结构和布局调整，进入到对国民经济总体结构的战略性调整、对城市和工业污染加大治理力度的基础上，开展了对重点地区和重点流域的治理。环境与规划管理由传统的行政命令加计划，转向依法行政和管理，标志着我国环境环保事业已开始进入可持续发展阶段。

(3) 第三座里程碑

21 世纪初始年代，环境规划和管理的发展已从传统模式开始转向了可持续发展的轨道，其核心体现在人们的文化价值观念和经济发展模式上，环境规划与管理需要积极探索和建立新的绿色文明和新的循环经济形态。这是一种从物质生产方式到政治、法律及社会文化观念的整体转变，需要采取涉及经济、社会、政治和文化各个方面的“大战略”。这是在环境规划与管理发展史上确立的第三座里程碑。

2002 年 6 月，我国颁布了《中华人民共和国清洁生产促进法》(2012 年 2 月 29 日修订，2012 年 7 月 1 日起施行)，同年 10 月，又颁布了《中华人民共和国环境影响评价法》(2018 年 12 月 29 日修订)，标志着国民经济战略性调整正在深化。

2002 年 11 月 8—14 日，中国共产党第十六次全国代表大会在北京召开。会议提出把实现经济发展和人口、资源、环境相协调，改善生态环境作为全面建设小康社会四项重要目标之一。

2005 年 10 月 8—11 日，中国共产党第十六届中央委员会第五次全体会议在北京召开。会议提出“要加快建设资源节约型、环境友好型社会”，首次把建设资源节约型和环境友好型社会确定为国民经济与社会发展中长期规划的一项战略任务。

2006 年 4 月 17—18 日，第六次全国环境保护会议在北京召开。会议强调做好新形势下的环保工作，关键在于加快实现“三个转变”。历史性“三个转变”的提出，标志着环保工作进入以保护环境优化经济增长的新阶段。

2007 年 10 月 15—21 日，中国共产党第十七次全国代表大会在北京召开。会议提出把建设资源节约型、环境友好型社会写入《中国共产党章程》，首次将建设生态文明作为一项国家战略任务明确下来。

2011 年 12 月 20—21 日，第七次全国环境保护会议在北京召开。会议明确提出要坚持在发展中保护、在保护中发展，积极探索环保新道路。这是此次会议的标志性成果，也是做好“十二五”环保工作的重要指南。

2002 年 6 月，我国颁布了《中华人民共和国清洁生产促进法》(2012 年 2 月 29 日修订，2012 年 7 月 1 日起施行)，2002 年 10 月，又颁布了《中华人民共和国环境影响评价法》(2018 年 12 月 29 日再次修订)，标志着国民经济战略性调整正在深化。

21 世纪初，国务院《政府工作报告》提出大力发展循环经济（2004 年）、《国务院关于做好建设节约型社会近期重点工作的通知》(2005 年)、《国务院关于加快发展循环经济的若干意见》(2005 年)、《关于组织开展循环经济试点（第一批）工作的通知》(2005 年)、《国务院关于加强节能工作的决定》(2006 年)、《“十一五”资源综合利用指导意见》(2007 年)、修订通过《中华人民共和国节约能源法》(2007 年)、《关于组织开展循环经济示范试点(第二批)工作的通知》(2007 年)、《关于落实环境保护政策法规防范信贷风险的意见》(2007 年)、《关于环境污染责任保险工作的指导意见》(2007 年)、《中华人民共和国循环经济促进法》(2008 年)、《中华人民共和国水污染防治法》(2008 年)、《规划环境影响评价条例》(2009 年)等政策密集出台，我国的环境规划与管理工作已全面进入综合决策阶段。

(4) 第四座里程碑

2012 年 11 月 8—14 日，中国共产党第十八次全国代表大会在北京召开。十八大从新的历史起点出发，首次单篇论述生态文明，首次把生态文明建设摆到中国特色社会主义事业“五位一体”总体布局的战略位置，从 10 个方面绘出生态文明建设的宏伟蓝图，将“美丽中国”作为生态文明建设的宏伟目标，具有划时代的意义。彰显出中华民族对子孙、对世界负责的精神。要实现真正的国富民强，必须守住“绿水青山”。这是在环境规划与管理发展史上确立的第四座里程碑。

2013 年 9 月 10 日，国务院印发《大气污染防治行动计划》(简称“大气十条”)，自 2013 年 9 月 10 日起实施。这是党中央、国务院推进生态文明建设、坚决向污染宣战、系统开展污染治理的重大战略部署，是针对环境突出问题开展综合治理的首个行动计划。

2015 年 2 月，中央政治局常务委员会会议审议通过《水污染防治行动计划》(简称“水十条”)，自 4 月 16 日起实施。这是继发布实施《大气污染防治行动计划》后，我国环境保护领域的又一重大举措。

2015 年 12 月，第一轮中央环保督察试点在河北展开。2016 年 7 月，由环境保护部牵头，中纪委、中组部参与的中央环保督察全面启动。这是党中央为推动生态文明建设和加强生态环境保护而采取的一项重大改革举措，传递出中央打击和治理环境污染的态度和决心。

2016 年 5 月 28 日，国务院印发《土壤污染防治行动计划》(简称“土十条”)，自 2016 年 5 月 28 日起实施。确定了针对当前土壤污染问题的一系列重大举措，为土壤环境安全筑牢基础。

2016 年 7 月 15 日，环境保护部印发《“十三五”环境影响评价改革实施方案》。紧扣“放管服”，抓好“划框子、定规则、查落实”三个环节，加大环评改革力度，让环评回归环评本意。

2016 年 9 月 14 日，中共中央办公厅、国务院办公厅印发《关于省以下环保机构监测监察执法垂直管理制度改革试点工作的指导意见》，部署启动环保垂改工作。环保垂改是对环保管理体制的一项重大改革。

2017 年 10 月 18—24 日，中国共产党第十九次全国代表大会在北京召开。十九大报告以“加快生态文明体制改革，建设美丽中国”为题，独立成篇阐述了我国生态文明的理念、举措、要求，指明了我国未来生态文明发展的道路、方向、目标，是新时代建设生态文明和美丽中国的指导方针和基本遵循。十九大的召开，将生态文明建设提升到中华民族永续发展千年大计的新高度。

2018 年 5 月 18—19 日，全国生态环境保护大会在北京召开，这是首次以“生态环境保护”为主题的全国性重要会议，习近平总书记出席会议并发表重要讲话。此次大会是我国生态文明建设和生态环境保护发展历程中规格最高、规模最大、影响最广、意义最深的历史性盛会。大会确立的习近平生态文明思想是一项标志性、创新性、战略性的重大理论成果，对于推动生态文明和美丽中国建设具有很强的指导性。

2018 年 6 月 24 日，中共中央、国务院出台《中共中央 国务院 关于全面加强生态环境保护 坚决打好污染防治攻坚战的意见》（以下简称《意见》），对全面加强生态环境保护、坚决打好污染防治攻坚战作出部署安排。《意见》明确要求打好三大保卫战（蓝天、碧水、净土保卫战）、七场标志性重大战役（打赢蓝天保卫战，打好柴油货车污染治理、水源地保护、黑臭水体治理、长江保护修复、渤海综合治理、农业农村污染治理攻坚战）。《意见》的出台标志着蓝天、碧水、净土三大保卫战全面打响。

法律方面，2014 年 4 月 24 日，十二届全国人大常委会第八次会议表决通过了《中华人民共和国环境保护法修正案》，新法已经于 2015 年 1 月 1 日施行。至此，这部中国环境领域的“基本法”，完成了 25 年来的首次修订。这也让环保法律与时俱进，开始服务于公众对依法建设“美丽中国”的期待。2016 年 1 月 1 日起《中华人民共和国大气污染防治法》第二次修订版施行，2018 年 10 月 26 日修正，当日生效。2020 年 4 月 29 日，《中华人民共和国固体废物污染环境防治法》第二次修订。2018 年 12 月 29 日《中华人民共和国环境影响评价法》第二次修正版实施。2017 年 11 月 4 日修订《中华人民共和国海洋环境保护法》。2018 年 1 月 1 日《中华人民共和国水污染防治法》实施。2018 年 1 月 1 日起，《中华人民共和国环境保护税法》正式实施，一个新的税种——“环境保护税”自此取代了已存在十余年的“排污费”。2019 年 1 月 1 日起，《中华人民共和国土壤污染防治法》正式实施，污染农田将受罚。2021 年 3 月 1 日起《中华人民共和国长江保护法》施行，2023 年 4 月 1 日起《中华人民共和国黄河保护法》施行。

中国特色社会主义进入新时代，我国社会主要矛盾已经转化为人民日益增长的美好生活需要和不平衡不充分的发展之间的矛盾。十九大报告提出了实现中国梦第二个百年奋斗目标两个阶段的生态环境保护目标：第一个阶段，从 2020 年到 2035 年，在全面建成小康社会的基础上，再奋斗十五年，基本实现社会主义现代化。生态环境根本好转，美丽中国目标基本实现。第二个阶段，从 2035 年到本世纪中叶，在基本实现现代化的基础上，再奋斗十五年，把我国建成富强民主文明和谐美丽的社会主义现代化强国。

“十四五”时期我国生态文明建设的目标包括：①生态环境质量显著改善，基本实现生态系统保护与修复目标，建立系统完备、科学规范的区域环境管理体系；②绿色发展格局基本形成，国家生态公益林、天然林保护率、退耕还林还草、生态移民等生态保护和修复工程全面完成，重要生态功能区的保护与修复全面推进，全国生态保护红线划定和管控机制更加完善，全面推进绿色发展；③全社会能源和资源利用效率、可再生能源消费占比等关键指标有大幅改善，生产、消费方式逐步从粗放型向绿色型转变，形成绿色低碳的生产生活方式；④生态文明制度加快完善，坚持“最严格的生态环境保护制度”，制度建设、法治化建设迈出新的步伐，形成一系列系统完备、科学规范、有效实施的制度体系；⑤生态文明观念和素质全面提高，大力宣传科学知识，推动公民环保素质提升，形成一种以保护生态为核心的优秀文明品质，促进公民绿色生活方式的形成和应对气候变化的意识程度显著提升。

力争 2030 年前二氧化碳达峰、2060 年前实现碳中和，是中国对国际社会的郑重承诺。“十四五”时期，我国生态文明建设进入了以降碳为重点战略方向、推动减污降碳协同增效、促进经济社会发展全面绿色转型、实现生态环境质量改善由量变到质变的关键时期。一个重要方面在于提升生态碳汇能力，强化国土空间规划和用途管控，有效发挥森林、草原、湿地、海洋、土壤、冻土的固碳作用，提升生态系统碳汇增量。

1.2 环境规划与管理的由来与内涵

1.2.1 环境规划的由来与内涵

(1) 环境规划的由来

环境，一般包括自然环境和社会环境。我国古代对环境的一种认识是主张开发利用自然，满足人类生存和发展的需要。《荀子·富国》中指出人不能停留在对大自然的认识，而要对其加以利用，从发展农业经济的角度体现了可持续发展的生态观。另一种认识是主张保护自然环境，满足人类生存和发展的需要。《逸周书·文传》中指出在河流湖泊休渔的时候，不要去撒网，让鱼鳖去长大。这是我国古代最早的可持续发展思想之一。

20 世纪 60 年代以后，英、美、日、法、德等国家对区域的生态环境保护、城市规划工作等开始关注。英国在西北部经济委员会组织的西北部经济规划中，考虑了环境问题。在新市镇规划中包含环境规划的内容，提出了环境目标。美国的每个州均设立了环境规划委员会，一般以区域性的环境规划为主，还提出了绿色社区规划，预测环境质量的动态变化，采用污染控制费用比较了各种控制污染方案，筛选最优方案。20 世纪 70 年代初，日本通过对福井、近畿等的环境规划开展研究，提出了环境目标，进行了环境预测，采取防治对策和措施，减少污染物的排放量，推出了《区域环境管理规划编制手册》，使日本的环境规划工作趋于成熟。

1972 年，联合国人类环境会议召开，《联合国人类环境会议宣言》中明确指出：①合理的计划，是协调发展的需要和保护与改善环境的需要相一致的，人类的定居和城市发展必须开展规划；②避免对环境产生不良影响；③取得社会、经济和环境的最大效益；④必须委托适当的国家机关对国家的环境资源进行规划、管理和监督，提高环境效益。

我国的环境规划工作起步较晚，国内学者在 20 世纪 70 年代以后，对环境规划开展了相关研究。1973 年，我国召开了第一次全国环境保护会议，会议提出"全面规划、合理布局"的指导思想，环境规划工作艰难起步了。沈阳市、北京东南郊和图们江流域开展了环境质量评价和污染防治路径研究，为环境规划提供了积极探索。1983 年，我国召开第二次全国环境保护会议，会议提出"三同步"方针，已深入认识到环境与经济建设、城市建设之间的内在联系，标志着我国的环境规划工作进入到发展阶段。1989 年，我国召开了第三次全国环境保护会议，会议进一步明确了"环境与经济协调发展"的指导思想，1993 年国家环保局组织编制了《环境规划指南》，对环境规划工作提供了依据和参考。从 1996 年到现在，我国的环境规划工作处于提升和发展阶段，这一阶段实施了污染物排放总量控制和跨世纪绿色工程规划两大举措，加强环境规划体系建设，为建立一个科学、统一、协调、完整的环境规划体系而努力。

(2) 环境规划的含义

环境规划，是指人类为促进环境与经济和社会协调发展，对自身活动和环境所做的空间和时间上的合理安排，对一定时期内环境保护目标和措施做出的具体规定，是一种带有指令性的环境保护方案组合，是国民经济和社会发展规划的有机组成部分。

环境规划的实质，是一种克服人类经济社会活动、环境保护活动盲目性和主观随意性的科学决策活动，是人类为协调人与自然的关系，使人与自然达到和谐而采取的主要行动。

《中华人民共和国环境保护法》（2014 年 4 月 24 日修订通过，自 2015 年 1 月 1 日起施行）第四条："保护环境是国家的基本国策。国家采取有利于节约和循环利用资源、保护和改善环境、促进人与自然和谐的经济、技术政策和措施，使经济社会发展与环境保护相协调。"第十三条："县级以上人民政府应当将环境保护工作纳入国民经济和社会发展规划。国务院环境保护主管部门会同有关部门，根据国民经济和社会发展规划编制国家环境保护规划，报国务院批准并公布实施。县级以上地方人民政府环境保护主管部门会同有关部门，根据国家环境保护规划的要求，编制本行政区域的环境保护规划，报同级人民政府批准并公布实施。环境保护规划的内容应当包括生态保护和污染防治的目标、任务、保障措施等，并与主体功能区规划、土地利用总体规划和城乡规划等相衔接。"环境规划明确写入环境保护法中，为制定环境规划提供了法律依据。

环境规划的目的，是指导人们开展各项环境保护工作，按既定的目标和措施合理进行污染预防、源头控制、清洁生产和全过程控制、总量控制，科学分配排污削减量，约束排污者的行为，改善生态环境，防止资源破坏，以最小的投资获取最佳的环境效益，促进环境、经济和社会的可持续发展。

环境规划的研究对象，是"社会-经济-环境"复合生态系统，它可能指整个国家，也可能指一个区域（城市、省区、流域）。促进复合生态系统协调发展，维护其良性循环，以谋求其最佳发展是环境规划的任务。

1.2.2 环境管理的由来与内涵

(1) 环境管理的由来

人类社会的发展经历了原始文明、农业文明、工业文明和生态文明（后工业文明）四个时期，在不同时期，人们对环境的影响和对环境问题的认识都不相同（图 1-1）。

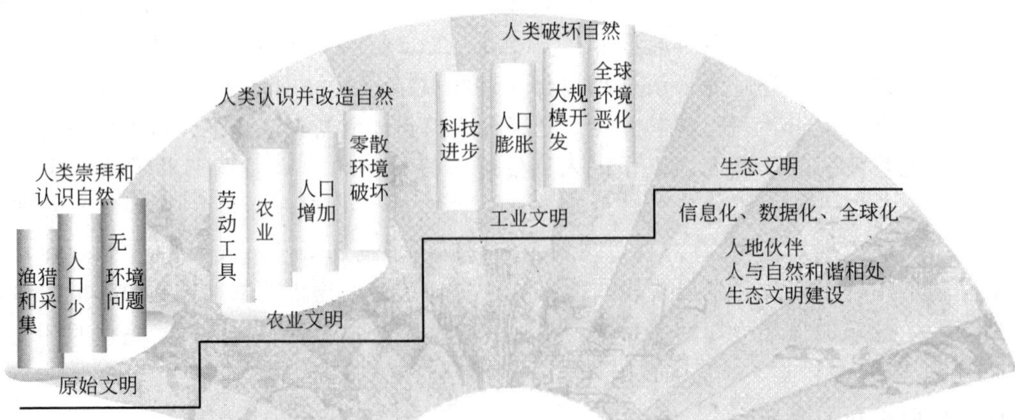

图 1-1　不同时期人类对环境的影响

在原始文明时期，地球气候温暖湿润、空气清新、水源丰富、植被茂密，人类崇拜和认识自然，对环境的破坏，相对来说也是最小的。在农业文明时期，是人类社会生产力发展的第二阶段，人们开始认识并改造自然，能使用劳动工具从事包括农业、林业、渔业、矿业等在内的采集作业，人口也不断增加，主要面对的是自然的挑战，对环境的作用范围小、强度低，出现了零散的环境问题，在若干年后还能恢复。在工业文明时期，以机械化、自动化方式为主，由手工生产转变为机械生产，随着科技水平的不断进步，人口的不断增加，人们对自然环境进行了大规模、有目的的开发，对能源和资源的开发与利用发展迅猛，全球陆续出现了八大公害事件，给人们敲响了警钟，这一阶段对环境的破坏范围大、强度高，很难在短时间内恢复。到了生态文明时期，是以服务为基础的社会时代，最重要的因素不是体力劳动，而是信息化、数据化和全球化，提出了人地伙伴关系，人与自然和谐相处，要共同进行生态文明建设。

近现代以后，工业革命给人类带来了巨大的物质财富和精神财富，但使人与自然的关系也发生了巨大变化，使人类从自然的一员变为征服自然的主人，环境问题迅速从地区性问题发展成为全球性问题，从近期的简单问题发展成为长期的不可逆转的复杂问题，从可见的直观性问题发展成为不可见的微观性问题。当下的环境问题正全方位、多角度、大范围地摆在人类面前，呈现出更加复杂和更加难以恢复的特性。面对日益严重的环境污染和生态破坏，人们渐渐从“环境问题就相当于是污染问题”这样的认识中走出来，重新审视环境与发展的关系。

1972 年，在斯德哥尔摩召开了“第一次人类环境会议”，开启了人类重视环境的新的一页。1974 年，在墨西哥召开了“资源利用环境与发展战略方针专题研讨会”，并达成了 3 点共识：第一，全人类的一切基本需要应该得到满足（公平性）；第二，发展以满足需要，又不能超出生物圈的容许极限（约束性）；第三，协调这两个目标的方法是环境管理。到此，“环境管理”首次被正式提出。

(2) 环境管理的含义

经过多年的探索和发展，不同学者提出了有针对性的“环境管理”概念。1974 年休威尔教授撰写的《环境管理》一书中认为“环境管理是对损害人类自然环境质量的人的活动施加影响”。

1987 年以后，我国的刘天齐教授、叶文虎教授、朱庚申教授等，陆续提出了适合我国国情的环境管理概念，他们认为：环境管理是指依据国家的环境政策、法律、法规和标准，坚持宏观综合决策与微观执法监督相结合，从环境与发展综合决策入手，运用各种有效管理手段，调控人类的各种行为，协调经济发展、社会进步同环境保护之间的关系，限制人类损害环境质量的活动，以维护区域正常的环境秩序和环境安全，实现区域社会可持续发展的行为总体。这是国家环境保护部门的基本职能。

环境管理的内容包括：环境计划的管理、环境质量的管理和环境技术的管理。

环境计划的管理主要包括：工业交通污染防治计划、城市污染控制计划、流域污染控制规划、自然环境保护计划以及环境科学技术发展计划、宣传教育计划等；还包括在调查、评价特定区域的环境状况的基础上综合制订的区域环境规划。

环境质量的管理主要包括：组织制定各种环境质量标准、各类污染物排放标准和监督检查工作；组织调查、监测和评价环境质量状况以及预测环境质量变化的趋势。

环境技术的管理主要包括：确定环境污染和破坏的防治技术路线和技术政策、确定环境科学技术发展方向、组织环境保护的技术咨询和情报服务、组织国内和国际的环境科学技术合作交流等。

1.2.3 环境规划与环境管理的关系

环境规划被看作探索未来的科学方法，而环境管理更关心当前环境问题的解决，并通过各种手段为实现环境目标而努力。环境规划与环境管理是环境保护工作行之有效的主要途径，二者紧密相连、难于分割，但二者又存在各自独立的内容和体系。

(1) 规划职能是环境管理的首要职能

从现代管理的职能来看，存在“规划、组织和控制”的“三职能”说、“规划、组织、指挥、协调和控制”的“五职能”说、“规划、组织、用人、指导、协调、报告和预算”的“七职能”说三种观点，但均将“规划”职能作为管理的首要职能。

环境规划为环境管理提供计划蓝本，环境规划通过对存在问题的分析，设定环境目标，并拟定相应的治理措施（包括工程措施和管理措施），通常表现为5年制环境保护规划、专项（按污染要素）环境规划，为环境管理确定行动方案，确保环境目标的实现。

环境管理工作中有环境预测、决策和规划这三个环节，既有联系，又有区别。环境预测是环境决策的依据；环境规划是环境决策的具体安排，它产生于环境决策之后；预测是规划的前期准备工作，是使规划建立在科学分析基础上的前提。环境规划是环境预测与环境决策的产物，是环境管理的重要内容和主要手段。因此，从环境管理的职能来看，环境规划是环境管理部门的一项重要的职能。在环境管理过程中，对存在的新问题及时反馈，通过反馈机制，为下一轮规划的编制提供支持。

(2) 环境规划与环境管理的共同核心是环境目标

环境管理是关于实现特定环境目标而实施的管理活动。环境目标可根据环境质量保护和改善的需要，采用多种表达形式（精确的量化目标，如环境标准；某种期望，如保护特定景观的美学价值；道德伦理目标，如保护濒危物种等）。环境规划的核心也是环境目标，涉及辨识目标和实现目标的手段选择。为实现共同的环境目标，使环境规划与环境管理具备共同的工作基础。

(3) 环境规划与环境管理具有共同的理论基础

从学科领域来看，环境规划属于规划学分支，环境管理属于管理学分支，在内容和方法学体系上存在一定差异。但是，环境规划与环境管理具有共同的理论基础，管理学、生态学、环境经济学、环境法学、系统工程学和社会伦理学等，同属自然科学与社会科学交叉渗透的跨学科领域。

1.2.4 环境规划与管理的研究内容

(1) 环境规划与管理的对象

① 现代系统管理。对于环境规划和管理，其研究对象包括人、物、资金、信息和时空5个方面，见表1-1。

表 1-1 环境规划与管理的研究对象

对象	地位	说明
人	主要研究对象	限制人类损害环境质量的行为可看作环境规划和管理的一个任务，管理过程的主体是人，人的行为是管理过程的核心
物	重要研究对象	环境规划和管理是实现预定环境目标而组织和使用各种物质资源的过程。物的管理，侧重于研究合理开发利用资源，保护环境资源，维护环境资源的持续利用，避免造成难以恢复的环境破坏
资金	系统赖以实现其目标的重要物质基础	以社会经济发展的视角，经济发展消耗了环境资源，降低了环境质量，但又为社会创造了新增资本。资金管理则应研究如何运用新增资本去避免、预防或补偿环境资源的损失
信息	重要对象	只有通过信息的不断交换和传递，建立有效反馈机制，把各个要素有机结合起来，才能实现科学规划与管理
时空	基础条件	各种要素的组合和安排，存在一定的时序性，时空区域有差别，环境容量和功能区划不同，而这些时空条件又构成了有效管理的必要条件

② 人类社会经济活动。环境规划与管理是以环境与经济协调发展为前提，对社会经济活动引导和约束，使之与区域的环境容量或环境承载力相适应。因此，环境规划与管理的研究对象可以是人类社会经济活动，包括个人、企业和政府，见表 1-2。

表 1-2 人类社会经济活动的研究对象

对象	地位	说明
个人	社会经济活动的主体	个人行为是环境规划和管理的主要对象之一，要减轻个人的消费行为对环境的不良影响，首先必须唤醒公众的环境意识，同时还要采取各种技术的和管理的措施加强约束力。对大多数人的利益的维护，是对人类的生存利益的关心，也是对子孙后代利益的关心
企业	社会经济活动的主体	企业主要目标通常是通过向社会提供产品或服务来获得利润。它们在生产过程中，都必须要向自然界索取自然资源，并将其作为原材料投入生产活动中，同时排放出一定数量的污染物
政府	社会经济活动的主体	政府行为对环境的影响有直接的一面，又有间接的一面；有重大的正面影响，又可能有巨大的难以估计的负面影响，具有复杂和深刻的特点。 促进宏观决策的科学化是解决政府行为所造成环境问题的必要前提

(2) 环境规划与管理的手段

环境规划与管理的目的是促进社会、经济和环境的可持续发展，包括政府强化环境规划与管理、公众参与、全球合作实现可持续发展等，其手段包括以下 5 个方面，见表 1-3。

表 1-3 环境规划与管理的手段

手段	特点和内容
行政手段	行政手段具有权威性、强制性、垂直性、具体性、非经济利益性和封闭性特点。 对于行政手段，须从实际出发，按客观规律办事，正确命令指示，防止主观主义、瞎指挥和简单强迫命令。行政手段包括工商局的检查、税务的查税、政府的命令等
法律手段	依法管理环境是控制并消除污染，保障自然资源合理利用，并维护生态平衡的重要措施。环境行政执法具有环境法和行政法的双重特点，并且遍及环境管理的各个角落，是环境管理过程中极为有效的手段。 环境行政执法包括环境行政许可、现场检查、“三同时”验收、限期治理、调查取证、环境行政处罚等
经济手段	经济杠杆是对社会经济活动进行宏观调控的价值形式和价值工具，主要包括价格、税收、信贷和工资等；也是国家运用经济政策和计划，通过对经济的调整来影响和调节经济活动的措施。 环境规划与管理的经济手段包括排污收费、排污权交易、资源征税、排污罚款以及废物减量减免税等

续表

手段	特点和内容
技术手段	这些手段既能提高生产率，又能把对环境污染和生态破坏控制到最小限度，主要包括制定环境标准、通过环境监测和环境统计对本地区及本行业污染状况进行调查、编写环境报告书和环境公报、组织开展环境影响评价工作、交流推广无污染和少污染的清洁生产工艺及先进治理技术等
宣传教育手段	环境宣传既是普及环境科学知识，又是一种思想动员，通过网络、报纸、杂志、电影、广播、展览、专题讲座、文艺演出等各种形式进行广泛宣传，使公众了解环境保护的重要意义和内容，提高全民的环境意识，激发公民保护环境的热情和积极性，把保护环境、热爱大自然、保护大自然变成自觉行动，形成强大的社会舆论，从而制止浪费资源、破坏环境的行为

(3) 环境规划与管理的基本任务

环境规划和管理的基本任务是转变人类征服自然的观念和调整人类社会的行为。

环境文化的建设是环境规划与管理的一项长期的根本任务，只有转变人类对环境的征服欲和占有欲，才能从根本上解决环境问题。人类的社会行为分为政府行为、市场行为和公众行为三种。政府行为是总的国家管理行为，诸如制定政策、法律、法令、发展计划并组织实施等；市场行为是各种市场主体（企业和生产者个人）在市场规律的支配下，进行商品生产和交换的行为；公众行为是公众在日常生活中（如消费、休闲和旅游等方面）的行为。这三种行为都可能会对环境产生不同程度的影响。因此，必须提倡环境友好型行为方式，才能促进环境保护进程。

(4) 环境规划与管理的作用

① 促进环境与经济、社会的可持续发展。环境规划与管理的重要作用就在于协调环境与经济、社会的关系，预防或减少环境污染，促进环境与经济、社会的可持续发展。

② 保障环境保护活动纳入国民经济和社会发展计划。环境规划就是环境保护的行动计划，而环境管理则是实施环境规划的基本保障。将环境保护活动纳入国民经济和社会发展计划之中进行综合平衡，才能使环境规划与环境管理得以顺利进行。

③ 实施环境政策、法规和制度的主要途径。我国已颁布的一系列环境法规、环境政策和环境管理制度，要通过环境规划与管理得以实施，环境规划与管理已成为我国实施环境政策、法规和制度的主要途径。

④ 实现以较小的投资获取较佳的效益。环境是人类生存的基本要素，又是经济发展的重要基础，在有限的资源和资金约束下，如何用较小的资金，实现经济和环境的协调发展，显得十分重要。环境规划与管理正是运用科学的方法，在发展经济的同时，实现以较小的投资获取较佳环境效益、社会效益和经济效益的有效措施。

1.3 新时代下环境规划与管理的战略发展与环境保护机构改革

1.3.1 环境规划与管理的战略发展趋势

曲格平先生从三个方面描述了环境规划与管理的战略发展趋势：

第一，从物质生产方式上看，要向生态系统回归，按照自然生态规律，在经济、技术等各个方面不断进行创新，比较全面地改造现有的物质生产体系，建立起相应的、由不同生态经济体系，包括工业、农业、城市等各种类型构成的循环经济体系，其目标不是传统GDP的增长，而是基本需求满足基础上的日益增长的美好生活质量的改善。

第二，从政治、法律和道德上看，要把对生命的尊重和对自然生态系统的爱护纳入政治、法律和道德体系中，人类的需求不能超越地球生态系统的承载能力。

第三，从世界观和认识论上看，要从工业社会主导的个体主义和还原论转变为自然整体主义和有机论，确认人不应与自然相分离，而是自然的一部分。

中国特色社会主义进入新时代，研究在环境管理中如何更多地应用以市场机制为基础的经济手段显得尤为重要。经济手段即通过补贴、税收等，改变人们的相关环境费用和效益，使外部环境成本内在化，激励人们保护环境和资源。加强经济手段在环境规划与管理中的应用，运用经济手段和政策工具保护环境和资源，是我们的努力方向。

1.3.2 我国环境保护机构的改革

从1974年国务院设立环境保护领导小组起步，我国的环境管理机构经历了7次变革，实现环境保护职能部门的五次跳跃，至今形成了一个比较能适应环境规划与管理需要的完整体系。

(1) 环境保护领导小组

20世纪70年代以前，我国就设有自然资源管理的行政主管部门，这些机构既是对自然资源进行管理的行政机关，又是国家企事业单位的上级主管部门，具有双重主体资格。与环境有关的行政管理机关还有计划、工业、建设、卫生等行政主管部门。

1971年，针对工业“三废”污染问题，国家计划委员会设立了“三废”利用领导机构，成立了第一个跨省市的“官厅水库水资源保护领导小组”，又相继在各大流域设立了水资源保护领导小组。

1973年8月5—20日，第一次全国环境保护会议在北京召开，正式提出“32字”环境保护方针。

1974年10月，经国务院批准正式成立国务院环境保护领导小组，这是我国成立的第一个环境保护工作职能部门。

1975年，国务院环境保护领导小组发布《关于环境保护的10年规划意见》，同年，黄河水源保护管理机构——黄河流域水资源保护局成立。1976年长江水源保护管理机构——长江流域水资源保护局成立。1979年9月《中华人民共和国环境保护法（试行）》首次颁布，中国环境保护开始迈上法治轨道。

(2) 城乡建设环境保护部

1982年5月4日，国务院为了加强环保工作，撤销了国务院环境保护领导小组，将国家建委、国家城建总局、建工总局、国家测绘局、国务院环境保护领导小组办公室合并，组建城乡建设环境保护部，部内设环境保护局，实现环境保护职能部门的第一次跳跃。另外，在国家计划委员会内又增设了与环境保护工作有关的国土局，形成了由环境保护局、国土局和其他工业、资源、卫生等部门共同负责的国家环境保护行政管理体制。

1983 年 12 月 31 日—1984 年 1 月 7 日，第二次全国环境保护会议在北京召开，会议正式确立了环境保护是国家的一项基本国策。

（3）国务院环境保护委员会

1984 年 5 月 8 日，成立了国务院环境保护委员会，其办公室设在城乡建设环境保护部（由环境保护局代行）。同年 12 月 5 日，城乡建设环境保护部环境保护局改为国家环境保护局，仍归城乡建设环境保护部领导，同时也是国务院环境保护委员会的办事机构。

（4）国家环境保护局（副部级）

1988 年 7 月，隶属于城乡建设环境保护部领导的国家环境保护局独立出来，成为国务院直属局，正式更名为国家环境保护局（副部级），实现环境保护职能部门第二次跳跃。

1989 年 4 月 28 日—5 月 1 日，第三次全国环境保护会议召开，会议评价了当前的环境保护形势，提出了五项制度，推动环境保护工作上新台阶。

1996 年 7 月 15—17 日，第四次全国环境保护会议召开，提出保护环境是实施可持续发展战略的关键，保护环境就是保护生产力。

（5）国家环境保护总局（正部级）

1998 年 6 月，国家环境保护局升格为国家环境保护总局（正部级），是国务院主管环境保护工作的直属机构，实现环境保护职能部门第三次跳跃。

在这次国务院机构改革中，除了将原林业部调整为国家林业局外，还成立了新的“国土资源部”，以统一对国家国土资源的管理。同时，将原副部级的国家环境保护局升格为国家环境保护总局，撤销了国务院环境保护委员会，职能有所增加，并在全国环境保护系统实行以地方为主的双重领导管理体制。

2002 年，我国环境管理部门实施管理体制的“垂直领导”，即地、市级以下的环境管理机构实行人事、行政的垂直领导，集中管理，改变了“条块结合”的分散式行政管理体制，提高了各级环境管理机构的执法积极性和权威性。

2002 年 1 月 8 日，第五次全国环境保护会议召开，提出了环境保护是政府的一项重要职能，要按照社会主义市场经济的要求，动员全社会的力量做好这项工作。

2006 年 4 月 17—18 日，第六次全国环境保护大会召开，会议提出了三个转变：从重经济增长轻环境保护转变为保护环境与经济增长并重；从环境保护滞后于经济发展转变为环境保护与经济发展同步；从主要用行政办法保护环境转变为综合运用法律、经济、技术和必要的行政办法解决环境问题。

2006 年为加强中央对地方的监督，国家环境保护总局在全国先后成立了 5 个环保督查中心，为总局派出机构，进一步增强了环境执法能力。

（6）环境保护部

2008 年 3 月 15 日，第十一届全国人民代表大会第一次会议正式批准在原国家环境保护总局的基础上，成立中华人民共和国环境保护部，作为国务院组成部门，实现环境保护职能部门第四次跳跃。中华人民共和国环境保护部负责拟订并实施环境保护规划、政策和标准，组织编制环境功能区划，监督管理环境污染防治，协调解决重大环境保护问题，还有环境政策的制定和落实、法律的监督与执行、跨行政地区环境事务协调等任务。

2011 年 12 月 20—21 日，第七次全国环境保护大会召开，会议强调：推动经济转型，提升生活质量，为经济长期平稳较快发展固本强基，为人民群众提供水清天蓝地干净的宜居安康环境。

2012 年党的十八大报告把生态文明建设纳入中国特色社会主义建设“总体布局”。2013 年，国务院发布《大气污染防治行动计划》，此后陆续发布《水污染防治行动计划》和《土壤污染防治行动计划》，全面向污染宣战。2015 年新修订的《中华人民共和国环境保护法》启动实施，2016 年中央环保督察全面启动。

2017 年党的十九大报告，将“美丽”二字首次写入社会主义现代化强国目标。

(7) 生态环境部

2018 年 3 月 17 日，第十三届全国人民代表大会第一次会议正式批准将环境保护部的职责与国家发展和改革委员会、国土资源部、水利部、农业部、国家海洋局、国务院南水北调工程建设委员会 6 部门的相关环境保护职责整合，组建生态环境部，作为国务院组成部门，不再保留环境保护部，实现环境保护职能部门第五次跳跃。

2018 年 5 月 18—19 日，全国生态环境保护大会在北京召开，会议提出，确保到 2035 年，生态环境质量实现根本好转，美丽中国目标基本实现。

习题

在线习题

1. 简述环境规划、环境管理的含义及二者的关系。
2. 简述环境规划与管理的对象和手段。
3. 简述管理思想发展的四个阶段及其代表人物和代表作。
4. 简述世界环境规划与管理发展的四个路标的内容和主要成果。
5. 简述我国环境规划与管理发展的四个里程碑的内容和主要成果。
6. 简述环境容量和环境承载力的含义，并分析两者关系。
7. 简述我国环境规划与管理机构发展变革。

第2章
环境规划与管理的方针、政策和制度

环境规划与管理工作政策性强，必须在一定的法律、法规、政策框架下实施，并与经济、社会、环境效益高度统一。经过50余年的发展和积淀，我国环境规划与管理工作在实践中确立了环境管理的大政方针，建立起“预防为主、防治结合”“污染者负担”“强化环境管理”为核心的政策体系，形成了具有中国特色的环境保护法规体系，建立了“3＋5＋2”项管理制度体系和环境标准体系。生态文明建设纳入“五位一体”的中国特色社会主义建设总体布局，并对其进行单篇谋划，提出建设“美丽中国”。

2.1 环境规划与管理的方针

2.1.1 “32字”方针

1973年，在第一次全国环境保护会议上，我国确立了环境保护工作32字方针：全面规划、合理布局、综合利用、化害为利、依靠群众、大家动手、保护环境、造福人民。

2.1.2 “三同步、三统一”方针

在联合国环境规划署理事会第十三届会议上，我国代表曾精辟阐明了“三同步、三统一”方针：环境保护与经济建设、城乡建设同步规划、同步实施、同步发展，实现经济效益、社会效益和环境效益的统一。我国在防治环境污染方面，实行“预防为主、防

治结合、综合治理”的方针；在自然保护方面，实行“自然资源开发、利用与保护、增殖并重”的方针；在环境保护的责任方面，实行“谁污染谁治理，谁开发谁保护”的方针。

“三同步”的基点在于“同步发展”，它是制定环境保护规划、确定政策、提出措施以及组织实施的出发点和落脚点，它明确指出要把环境污染和生态破坏解决在经济建设和社会建设过程之中。“同步规划”实质是根据环境保护和经济发展之间相互制约的关系，以预防为主，搞好“合理规划、合理布局”，在制定环境目标和实施标准时，要兼顾经济效益、社会效益和环境效益，要采取各种有效措施，运用价值规律和经济杠杆，从投资、物资和科学方面保证规划落实。“同步实施”就是要在制定具体的经济技术政策和进行具体经济建设项目的工作中，全面考虑上述三种效益的统一，采用一切有效手段保证“同步发展”的实现。

“三统一”的提出，主要在克服传统的只顾经济效益的发展点，强调整体综合的效益，它是贯穿于“三同步”始终的一条基本原则，也可以认为是各项工作的一条基本准则。

2.1.3 可持续发展战略方针

联合国环境与发展会议结束后，1994 年 3 月，国务院第 16 次常务会议讨论通过《中国 21 世纪议程——中国 21 世纪人口、环境与发展白皮书》，确定了实施可持续发展战略的行动目标、政策框架和实施方案。

党的第十九届五中全会提出，深入实施可持续发展战略，完善生态文明领域统筹协调机制，构建生态文明体系，促进经济社会发展全面绿色转型，建设人与自然和谐共生的现代化。要加快推动绿色低碳发展，持续改善环境质量，提升生态系统质量和稳定性，全面提高资源利用效率。

能不能坚持实施可持续发展战略，能不能切实保护和有效利用人力资源、环境资源和生态资源，是关系到我国经济和社会的安全，关系到我国人民生活的质量，关系到中华民族生存和发展的长远大计。

2.2 环境规划与管理政策

环境保护政策是人类环境政策的一个组成部分，是指以消除污染、纠正市场失灵、提高资源配置效率、促进经济长期可持续发展为宗旨的政策，分为消极的和积极的两类。消极的环境保护政策主要强调：降低环境污染的程度、增加环境保护经费、进行合理的环境配置，包括产业配置和人口配置。积极的环境保护政策主要是防患于未然、从治本着手，如兴建防护林带、实施绿化城市和改善居住环境的住房政策等。

2.2.1 基本国策

1983年，第二次全国环境保护会议召开，明确提出了环境保护是现代化建设中的一项战略任务，是一项基本国策，从而确立了环境保护在经济和社会发展中的重要地位，并确定把强化环境管理作为当前工作的中心环节。

会上还提出，把环境保护纳入国家经济与社会发展规划，省长、市长和县长都要把抓好环保工作作为对人民负责的重要职责。目前在人力、财力不足的条件下，要集中力量，力争每年解决几个群众最关心、最突出的环境问题，让群众感受到实实在在的好处。

2.2.2 环境规划与管理三大政策

进入到中国特色社会主义新时代，我国逐步形成了以环境保护的基本原则为基础的，符合国情、适应经济体制和经济增长方式转变的三大环境政策，主要包括3个方面：

(1)“预防为主，防治结合”政策

坚持科学发展观，坚持生态文明建设，继续实施污染预防策略和“大气十条”、“水十条”和“土十条”，把保护环境与转变经济增长方式紧密结合起来，积极发挥环境保护对经济建设的调控职能，对环境污染和生态破坏实行全过程控制，促进资源优化配置，提高经济增长的质量和效益。主要措施包括：把环境保护纳入国家的、地方的和各行各业的中长期和年度经济社会发展计划；对开发建设项目实行环境影响评价和“三同时”制度；对城市实行综合整治。

(2)“污染者付税（费）”政策

从环境经济学的角度看，环境是一种稀缺性资源，又是一种共有资源，为了避免“共有地悲剧”，必须由环境破坏者承担治理成本。这也是国际上通用的污染者付费原则的体现，即由污染者承担其污染的责任和费用。

2016年12月25日，《中华人民共和国环境保护税法》在第十二届全国人民代表大会常务委员会第二十五次会议上获表决通过，并于2018年1月1日起施行，开启环境保护税的征收，排污收费制度成为历史。

环境保护投资以地方政府和企业为主。企业负责解决自己造成的环境污染和生态破坏问题，不允许转嫁给国家和社会；地方政府负责组织城市环境基础设施的建设，设施建设和运行费用应由污染物排放者合理负担；对跨地区的环境问题，有关地方政府要督促各自辖区内的污染物排放者切实承担责任，不得推诿。

(3)“强化环境管理”政策

环境污染是一种典型的外部行为，因此，政府必须介入环境保护中来，担当管制者和监督者的角色，与企业一起进行环境治理。

强化环境管理政策的主要目的是通过强化政府和企业的环境治理责任，控制和减少因管理不善带来的环境污染和破坏。要把法律手段、经济手段和行政手段有机地结合起来，提高管理水平和效能。坚决扭转以牺牲环境为代价，片面追求局部利益和暂时利益的倾向，严肃查处违法案件。

2.2.3 环境规划与管理相关政策

2.2.3.1 产业政策

产业政策是国家颁布的有利于产业结构调整和行业发展的专项环境政策，包括产业结构调整政策、行业环境管理政策、限制和禁止发展的行业政策。

(1) 产业结构调整政策

产业结构调整包括产业结构合理化和高级化两个方面。产业结构合理化是指各产业之间相互协调，有较强的产业结构转换能力和良好的适应性，能适应市场需求变化，并带来最佳效益的产业结构，具体表现为产业之间的数量比例关系、经济技术联系和相互作用关系趋向协调平衡的过程。产业结构高级化，又称为产业结构升级，是指产业结构系统从较低级形式向较高级形式的转化过程。产业结构的高级化一般遵循产业结构演变规律，由低级到高级演进。

《"十二五"国家战略性新兴产业发展规划》要求，节能环保产业要突破能源高效与梯次利用、污染物防治与安全处置、资源回收与循环利用等关键核心技术，大力发展高效节能、先进环保和资源循环利用的新装备和新产品；完善约束和激励机制，创新服务模式，优化能源管理、大力推行清洁生产和低碳技术、鼓励绿色消费，加快形成支柱产业，提高资源利用率，促进资源节约型和环境友好型社会建设。

《"十三五"国家战略性新兴产业发展规划》中指出，应对全球气候变化助推绿色低碳发展大潮，清洁生产技术应用规模持续拓展，新能源革命正在改变现有国际资源能源版图。同时，迫切需要加强统筹规划和政策扶持，全面营造有利于新兴产业蓬勃发展的生态环境，创新发展思路，提升发展质量，加快发展壮大一批新兴支柱产业，推动战略性新兴产业成为促进经济社会发展的强大动力。

2020年11月2日，国务院办公厅正式发布《新能源汽车产业发展规划（2021—2035年)》。到2025年，纯电动乘用车新车平均电耗降至每百千米12.0kW·h，新能源汽车新车销售量达到汽车新车销售总量的20%左右。

"十四五"规划中，GDP不再设有具体的量化增长目标，而是将其设定为年均增长"保持在合理区间、各年度视情提出"。这种表述方式，在五年规划史上尚属首次。尽管不设具体量化增速指标，但值得注意的是，规划和纲要设置了5大类20项主要指标，尤其是明确提出，未来要培育两个GDP新增长点：一是数字经济核心产业增加值要占GDP比重达10%；二是战略性新兴产业增加值占GDP比重要超过17%。

"十四五"时期要加快数字化发展，打造数字经济新优势，协同推进数字产业化和产业数字化转型。"加快数字化发展，建设数字中国"在"十四五"规划和2035年远景目标纲要中更已单独成章。除了数字经济，作为拉动经济增长的另一重要引擎，战略性新兴产业正迎来新一轮支持。"十四五"规划明确指出，将聚焦新一代信息技术、生物技术、新能源、新材料等重点领域，加快关键核心技术创新应用，培育壮大产业发展新动能。

(2) 行业环境管理政策

行业环境管理政策是依据本行业的特点而有针对性设置的环境管理政策，如《冶金工业环境管理若干规定》、《建材工业环境保护工作条例》、《化学工业环境保护管理规定》、《电力工业环境保护管理办法》、《关于加强乡镇企业环境保护工作的规定》、《关于发展热电联产的规定》、《关于加强水电建设环境保护工作的通知》、《关于加强饮食娱乐服务企业环境管理的通知》、《交通行业环境保护管理规定》及《服务行业环境保护管理规定》等。这里的行业分类，是指从事国民经济中同性质的生产或其他经济社会的经营单位或者个体的组织结构体系的详细划分，如农林牧渔、建筑建材、冶金矿产、石油化工等。

(3) 限制和禁止发展的行业政策

1996 年 8 月，国务院发布了《国务院关于环境保护若干问题的决定》，要求在 1996 年 9 月 30 日前，对小造纸、小制革、小染料厂及土法炼焦、炼硫、炼砷、炼汞、炼铅锌、炼油、选金和农药、漂染、电镀、石棉制品、放射性制品等“15 小”企业实行取缔、关闭或停产。国家环保局发布了关于贯彻《国务院关于环境保护若干问题的决定》有关问题的通知，具体规定了取缔和关闭“15 小”企业名录，提出了限制发展的 8 个行业，即造纸、制革、印染、电镀、化工、农药、酿造和有色金属冶炼。

1997 年 6 月 5 日，国家经济贸易委员会、国家环保总局、机械工业部联合发布了《关于公布第一批严重污染环境（大气）的淘汰工艺与设备的通知》，规定了 15 种污染工艺和设备的淘汰期限和可替代工艺及设备。1999 年 12 月又发布了《淘汰落后生产能力、工艺和产品的目录（第二批）》，涉及 8 个行业 119 项。2002 年 6 月，再一次发布了第三批目录，涉及 15 个行业 120 项内容。国务院办公厅于 2002 年和 2003 年分别转发了国家经贸委等五部门《关于从严控制铁合金生产能力切实制止低水平重复建设意见》和发展改革委等部门《关于制止钢铁、电解铝、水泥行业盲目投资若干意见的通知》，国务院于 2004 年 11 月批转发展改革委《关于坚决制止电站项目无序建设意见的紧急通知》。这些政策的颁布，为我国环境规划与管理提供了政策依据。

根据《国务院关于发布实施〈促进产业结构调整暂行规定〉的决定》（国发〔2005〕40 号），对《产业结构调整指导目录（2011 年本）》有关条目进行了调整，形成了《国家发展改革委关于修改〈产业结构调整指导目录（2011 年本）〉有关条款的决定》，自 2013 年 5 月 1 日起施行。

《产业结构调整指导目录（2019 年本）》于 2019 年 8 月 27 日第 2 次委务会议审议通过，自 2020 年 1 月 1 日起施行，共涉及行业 48 个，条目 1477 条，其中鼓励类 821 条、限制类 215 条、淘汰类 441 条。与上一版相比，从行业看，鼓励类新增“人力资源与人力资本服务业”“人工智能”“养老与托育服务”“家政”等 4 个行业，将上一版“教育、文化、卫生、体育服务业”拆分并分别独立设置，限制类删除“消防”行业，淘汰类新增“采矿”行业的相关条目；从条目数量看，总条目增加 69 条，其中鼓励类增加 60 条、限制类减少 8 条、淘汰类增加 17 条；从修订面看，共修订（包括新增、修改、删除）822 条，修订面超过 50%。

2.2.3.2 技术政策

环境保护技术政策以特定的行业或污染因子为对象，在产业政策允许范围内引导企业采取有利于保护环境的生产工艺和污染防治技术。技术政策注重发展高质量、低消耗、高效率的适用生产技术，重点发展技术含量高、附加值高、满足环保要求的产品，重点发展投入成本低、去除效率高的污染控制适用技术。

2016 年，环境保护部发布了《重点行业二噁英污染防治技术政策》《合成氨工业污染防治技术政策》《汞污染防治技术政策》《砷污染防治技术政策》《铬盐工业污染防治相关技术政策》5 项指导文件，并抓紧推进《铅蓄电池生产工业污染防治技术政策》《废电池污染防治技术政策》等技术政策的制定和发布。

2018—2019 年实施了《非道路移动机械污染防治技术政策》《污染源源强核算技术指南 平板玻璃制造》《污染源源强核算技术指南 炼焦化学工业》《制浆造纸工业污染防治可行技术指南》等。

2.2.3.3 环境经济政策

环境经济政策，是指按照市场经济规律的要求，运用价格、税收、财政、信贷、收费、保险等经济手段，调节或影响市场主体的行为，以实现经济建设与环境保护协调发展的政策手段。与传统行政手段的“外部约束”相比，环境经济政策是一种“内在约束”力量，具有促进环保技术创新、增强市场竞争力、降低环境治理成本与行政监控成本等优点。

环境经济政策主要基于两类理论：一是基于新制度经济学观点的，主要包括明晰产权、可交易的许可证等，又称为建立市场型政策（即所谓的“科斯手段”）；二是基于福利经济学观点的，通过现有的市场来实施环境管理，具体手段有征收各种环境税费、取消对环境有害的补贴等，又称为调节市场型政策（即所谓的“庇古手段”）。

环境经济政策体系采用的手段主要有明晰产权（所有权、使用权和开发权）、建立市场（可交易的许可证、可交易的环境股票等）、税收手段、收费制度（使用者收费、资源补偿费等）、罚款制度（违法罚款、违约罚款等）、金融手段（优惠贷款、环境基金等）、财政手段（财政拨款、专项资金等）、责任赔偿（法律责任赔偿、环境资源损害赔偿、保险赔偿等）和证券与押金制度（环境行为债券、废物处理证券、押金、股票等）九大类。

2.2.4 生态环境政策改革

(1) 生态文明建设的重点任务

“十四五”时期，我国生态文明建设进入了以降碳为重点战略方向、推动减污降碳协同增效，促进经济社会发展全面绿色转型。实现生态环境质量改善由量变到质变的关键时期。

新形势下我国生态文明建设的重点任务为：坚持以习近平生态文明思想为指导，准确把握新发展阶段，深入贯彻新发展理念，加快构建新发展格局，锚定美丽中国建设目标和碳达峰碳中和目标愿景，努力建设人与自然和谐共生的现代化。

① 构建绿色低碳循环发展经济体系。全方位全过程推行绿色规划、绿色设计、绿色投资、绿色建设、绿色生产、绿色流通、绿色生活和绿色消费，通过建立健全绿色低碳循环发展的生产体系、流通体系、消费体系、基础设施绿色升级及绿色技术创新体系和法律法规政策体系，完善和建立生态产品价值实现机制，促进经济社会发展全面绿色转型。加快出台实施国家碳达峰行动方案，倒逼经济、产业、能源实现绿色低碳转型升级。

② 继续深入打好污染防治攻坚战。坚持方向不变、力度不减，突出精准、科学、依法治污，在关键领域、关键指标上实现新突破。在大气方面，强化多污染物协同控制和区域协同治理，加强细颗粒物和臭氧协同控制，基本消除重污染天气。在水体方面，统筹水资源、水环境、水生态治理，推动重要江河湖库生态保护治理，基本消除城市黑臭水体，在土壤方面，加强土壤污染源头防控，开展新污染物治理。在环境风险方面，紧紧盯住危险废物、尾矿库、化学品等领域，治理新污染物。

③ 统筹推进山水林田湖草沙一体化保护和修复。构建以国家公园为主体的自然保护地体系，实施生物多样性保护重大工程，加强外来物种管控。强化河湖长制，加强大江大河和重要湖泊湿地生态保护治理。科学推进荒漠化、石漠化、水土流失综合治理，开展大规模国土绿化行动。推行草原森林河流湖泊湿地休养生息，加强黑土地保护。完善自然保护地、生态保护红线监管制度，坚决守住自然生态安全边界。

④ 积极推动全球生态文明建设和气候治理合作。深入参与国际环境治理，积极参与重要国际环境进程与公约谈判。参与和引领应对气候变化国际合作，帮助发展中国家提高应对气候变化能力。推行绿色基建、绿色能源、绿色交通、绿色金融，助力“一带一路”沿线国家或地区经济绿色复苏。办好《生物多样性公约》第十五次缔约方大会，为全球生物多样性保护贡献中国智慧。

⑤ 加快实现生态环境治理现代化。落实生态文明体制改革顶层设计，重点建立地上地下、陆海统筹的生态环境治理制度，构建源头预防、过程控制、损害赔偿、责任追究的生态环境保护体系，构建党委领导、政府主导、企业主体、司法保障、公众参与的现代生态环境治理体系。强化生态环境法治建设，完善以排污许可制为核心的固定污染源监管制度，持续推进生态环境治理能力，重点在监测监管执法能力、环境市场化投入机制、全民绿色行动等方面取得突破。

(2) 新发展形势下生态环境政策改革新思路

① 政策目标要科学。资源有偿使用和补偿、绩效考核和责任追究等生态文明制度政策探索在稳步推进，但大多还处于试点或者逐步健全阶段，需要坚持和遵循习近平生态文明思想，着力提升效能、深化完善。

② 政策功能要拓展。生态监管、海洋和农村生态环境保护等需要纳入政策调控范围，生态环境质量改善政策依然存在短板和弱项，应对气候变化和生态环境保护的协同还不足，风险防控需要更加突出预防优先，生态环境政策的调控靶位要有新变化。

③ 政策重心要调整。产业、能源和交通运输等结构性调控政策供给不足，政策实施效果不佳，也存在政策效应滞后等问题，需要从生态环境保护和经济发展的融合部切入谋划政策创新。

④ 政策体系要优化。要加快解决行政、市场和社会政策的角色分工和合理功能定位。此外，双碳政策、国际合作政策等需要跟上新形势。

(3) 生态环境政策改革重点方向

① 强化结构调整政策激励。完善高耗能、高污染、产能严重过剩行业差别电价、水价政策，继续推进绿色税制改革，研究将 VOCs、碳排放纳入环境保护税范围。加强能源替代补贴政策与天然气价格、电价等政策之间的协调，继续通过税收优惠和减免等措施鼓励煤炭等清洁和高效利用，完善新能源开发利用促进的价格与补贴政策。加大新能源货车财税支持

力度，完善“公转铁”市场机制，鼓励社会资本设立多式联运产业基金，支持保险资金通过债权、股权等多种方式参与重大交通基础设施建设。建立生态产品价值核算体系，健全生态产品市场经营开发制度，构建统一规范的生态产品交易市场，健全生态产品价值实现政策体系。

② 完善生态环境责任政策机制。增强人大、政协在中央环境保护督察中的作用，把海洋生态环境目标责任考核等纳入考核体系。打通排污许可、环境准入、总量控制、环境保护税等企业点源管理政策，构建完整的企业治污主体责任落实政策链，健全绿色设计政策。

③ 加强生态环境市场经济政策运用。调整优化财政支出结构，加强对绿色产业和生态环境保护的财政支持力度，完善中央生态环境保护资金项目储备库制度，制定中长期生态环境保护预算。鼓励有条件的地方政府和社会资本共同发起区域性绿色发展子基金，健全上市公司环境信息强制性披露机制。深入推进排污权交易制度，激活二级交易市场。强化中央财政在重要生态保护区域的生态补偿事权，建立长江、黄河重点流域横向生态补偿机制。

④ 创新社会动员生态环境政策。实施补助、名誉认证等激励政策，推进建立民间生态环境保护监督员、生态环境保护网格员、民间河长等制度。鼓励探索建立志愿者机制，把基层社区的能动性充分发挥出来。完善节约型机关、绿色家庭、绿色学校等绿色生活创建与评选政策。

⑤ 推进重点领域生态环境政策创新。健全生态环境空间管控政策。推进建立生态环境空间前置政策机制，完善“三线一单”政策，推进以生态保护红线和自然保护地为重点的重要生态空间常态化监管。建立健全碳达峰政策体系。建立城市碳达峰的考核引导和激励政策体系，实施二氧化碳排放总量和强度双控，积极推进碳金融创新助力减碳融资，推动城市梯度实现碳达峰。加强生态保护政策，建立健全自然保护地管理体系，实施自然保护地分类分级监管，强化生物多样性保护政策制定与实施。完善生态环境风险政策，构建源头预防优先、过程严管、事后严惩、追责赔偿的生态环境管理体系。健全国际生态环境合作政策。深入推进国际生态环境合作、环境与贸易、对外投资政策等。

2.2.5 碳交易、碳达峰与碳中和

(1) 碳交易

碳交易，即温室气体排放权交易，也就是购买合同或者碳减排购买协议。

碳交易基本原理是，合同的一方通过支付另一方获得温室气体减排额，买方可以将购得的减排额用于减缓温室效应从而实现其减排的目标。在 6 种被要求减排的温室气体中，二氧化碳（CO_2）为最大宗，所以这种交易以每吨二氧化碳当量为计算单位，所以通称为“碳交易”。

碳交易包含以下三种机制：

① 清洁发展机制（clean development mechanism，CDM）。清洁发展机制是指《京都议定书》中引入的灵活履约机制之一。核心内容是允许其缔约方即发达国家与非缔约方即发展中国家进行项目级的减排量抵消额的转让与获得，从而在发展中国家实施温室气体减排项目。

② 联合履行（joint implementation，JI）。《京都议定书》第六条规范的“联合履行”，联合履行是指发达国家之间通过项目级的合作，其所实现的减排单位（以下简称ERU），可以转让给另一发达国家缔约方，但是同时必须在转让方的“分配数量”（以下简称AAU）配额上扣减相应的额度。

③ 排放交易（emissions trade，ET）。把排污许可证看成固定的“污染权”，而把排污收费看成“污染价格”，由此建立起可以交易“污染权”的市场。当某企业排放的污染物量比它的允许排放量少时，该企业就可以把它实际排放量与允许排放量的差值出售给另一个企业，从而使另一个企业获得比原先允许排放量更多的排放权利。

在我国，越来越多的企业正在积极参与碳交易。

2005年10月，中国最大的氟利昂制造公司山东省东岳化工集团与日本最大的钢铁公司新日铁和三菱商事合作，展开温室气体排放权交易业务。2005年12月19日，江苏梅兰化工股份有限公司和常熟三爱富中昊化工新材料有限公司与世界银行碳基金签订了总额达7.75亿欧元（折合9.3亿美元）的碳减排购买协议。

自2006年10月19日起由15家英国碳基金公司和服务机构组成的、有史以来最大的求购二氧化碳排放权的英国气候经济代表团掀起这场“碳风暴”。

2009年8月5日，天平汽车保险股份有限公司成功购买奥运期间北京绿色出行活动产生的8026t碳减排指标，用于抵消该公司自2004年成立以来至2008年底全公司运营过程中产生的碳排放，成为第一家通过购买自愿碳减排量实现碳中和的中国企业。

2009年11月17日，中国首笔企业间碳中和交易完成。2009年11月17日，上海济丰包装纸业股份有限公司（以下简称上海济丰）委托天津排放权交易所以上海济丰的名义在自愿碳标准（VCS）APX登记处注销一笔6266t的自愿碳指标（VCU），并向厦门赫仕环境工程有限公司（简称厦门赫仕）支付相应交易对价。由此，国内首笔碳中和交易完成。

2009年11月25日，中国国务院常务会议决定了到2020年控制温室气体排放的行动目标：到2020年中国单位国内生产总值二氧化碳排放比2005年下降40%～45%，作为约束性指标纳入国民经济和社会发展中长期规划，并制定相应的国内统计、监测、考核办法。

2018年8月1日，四川省举行了碳中和项目启动仪式，计划于2018年10月在成都龙泉山城市森林公园建设500亩（1亩≈666.6m^2）碳中和林，用20年时间增加碳汇，用以完全抵消本次会议产生的921t碳排放总量。

2019年10月，第一期全国A级旅游景区质量提升培训班在陕西举办，并成为全国首个碳中和景区培训班。根据专业核查机构计量，本期培训班在交通出行、住宿、餐饮、消耗品等方面产生的温室气体共计68.92t二氧化碳当量，由兴博旅（北京）文化发展中心向中国绿色碳汇基金会捐资进行碳中和，组织在四川省种植5亩碳汇林，抵消培训期间产生的温室气体排放。

全国碳市场于2021年7月启动。

2021年，中国华能集团在全国碳市场首日开盘交易中，以均价52.78元/t完成首笔配额买入交易。旗下多家电厂通过节能改造实现配额盈余，2021年累计交易配额超百万吨。

2022年，国家能源集团通过整合下属煤电企业配额，内部调剂余缺，减少外部采购成本，利用中国核证自愿减排量（China Certified Emission Reduction，CCER）抵消5%的排放量。这是首单“碳配额+CCER”组合交易。

2023年，华润电力在碳市场启动首轮履约期后，通过出售富余配额获利超3000万元，同时投资内蒙古风电项目生成 CCER 用于未来履约。

在地方碳交易试点过程中：

宝钢股份（上海碳市场，2020 年）通过上海碳市场购买配额覆盖其宝山基地排放，并投资厂区光伏发电项目减少未来配额需求。2021 年试点期间累计交易量超过 50 万吨。

腾讯（深圳碳市场，2022 年）主动购买深圳碳市场配额以抵消深圳总部数据中心排放，成为首批参与地方碳市场的互联网企业。

在新能源与跨界碳交易过程中：

比亚迪（2021—2023 年）通过出售新能源车碳积分（NEV 积分）获利，2021 年单年积分收入达 15.9 亿元（含双积分政策与碳市场联动）。

隆基绿能（2024 年）通过开发分布式光伏项目生成 CCER，计划在未来全国碳市场扩容后出售，预计年减排量超 100 万吨。

（2）碳达峰和碳中和

习近平总书记在第七十五届联合国大会一般性辩论上的讲话中提出：“应对气候变化《巴黎协定》代表了全球绿色低碳转型的大方向，是保护地球家园需要采取的最低限度行动，各国必须迈出决定性步伐。中国将提高国家自主贡献力度，采取更加有力的政策和措施，二氧化碳排放力争于 2030 年前达到峰值，努力争取 2060 年前实现碳中和。各国要树立创新、协调、绿色、开放、共享的新发展理念，抓住新一轮科技革命和产业变革的历史性机遇，推动疫情后世界经济‘绿色复苏’，汇聚起可持续发展的强大合力”。

在 2021 年的政府工作报告中，“做好碳达峰、碳中和工作”被列为 2021 年重点任务之一；“十四五”规划也将加快推动绿色低碳发展列入其中。

碳达峰（图 2-1），是指二氧化碳年总量的排放在某一个时期达到历史最高值，达到峰值之后逐步降低。

碳中和（图 2-2），是指企业、团体或个人测算一定时间内，直接或间接产生的温室气体排放总量，通过植树造林、节能减排等形式，抵消自身产生的二氧化碳排放量，实现二氧化碳“零排放”。在国际上，气候中性和净零 CO_2 排放量的定义与碳中和是一致的。

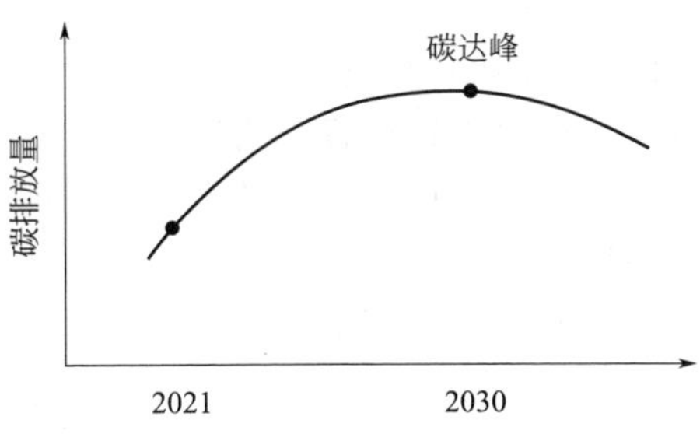

图 2-1 碳达峰示意图

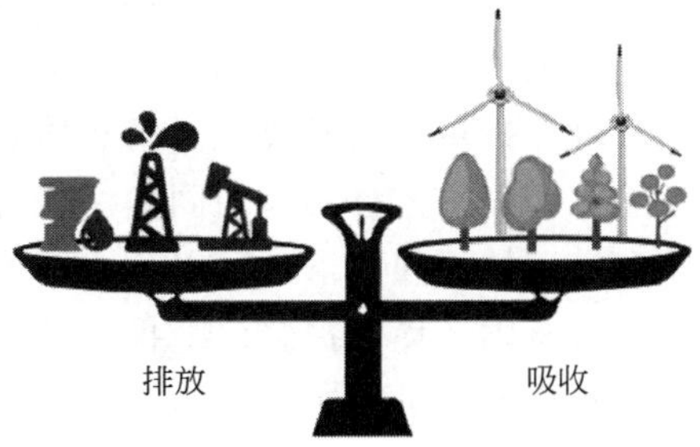

图 2-2 碳中和示意图

实现碳达峰、碳中和是一场硬仗，也是对我们党治国理政能力的一场大考。要完善绿色低碳政策和市场体系，完善能源“双控”制度，完善有利于绿色低碳发展的财税、价格、金融、土地、政府采购等政策。王金南院士称：现有气候变化相关法律难以支持实施碳中和，立法缺失将成为推进碳中和的掣肘。现有的与气候变化有关的法律并不直接以控制碳排放、促进碳达峰和碳中和为立法目的，建议尽早制定《碳中和促进法》。通过立法，可以赋予碳排放峰值目标、总量和强度控制目标以法律地位，强化低碳目标引领。立法可以明确温室气体排放权的法律属性及确权机制，保障我国碳排放权交易市场的有序推进。还可以为政府管理部门分解落实碳减排目标、开展目标责任考核提供法律依据。

碳中和的实现路径主要包括：节能提效、低碳能源替代、增加碳汇（包括各种移除碳的技术）。在以化石能源为主的今天，碳减排的主要举措有三个方面：

首先是“提能效、降能耗”，主要集中在建筑、交通、工业、电力节能领域。2019 年我国的能源强度是世界平均水平的 1.3 倍，比英国、德国、法国、日本这些国家要高出更多，如果将能源强度降到世界平均水平，就意味着同样的 GDP 下我们将少用近 10 亿吨标准煤，在当前消费水平下，能耗每降低 1%，可以减少 0.5 亿吨标准煤、减排 1 亿多吨二氧化碳。

其次是“低碳能源替代”，改变能源结构。大力发展新能源和可再生能源，降低化石能源的比例，提高像水电、风电、太阳能发电、核电等这些非化石能源的比例，使得随经济增长新增加的能源需求基本上由非化石能源满足，但二氧化碳的排放不再增长。

最后是“碳移除”，包括增加碳汇，大力发展碳捕集、利用与封存（CCUS）等技术。在 2035 年之前，全面建设社会主义现代化国家进程的第一阶段，还要继续打好污染防治攻坚战。环境治理如果仅靠末端的治理措施，措施会越来越少，潜力也会越来越收窄。从最根本来讲，要从源头上减少常规污染物的排放。实现碳达峰，要发挥减污降碳的协同效应，大力改进能源结构，使得煤炭消费量下降，从源头上就减少了常规污染物排放的来源，这样就能够保证主要地区 $PM_{2.5}$ 的浓度不高于 $35\mu g/m^3$。因此，调整和优化产业结构、能源结构，努力实现二氧化碳排放达峰，也是当前打好污染防治攻坚战的重要抓手和政策着力点，打造经济高质量发展、环境质量持续改善和二氧化碳减排协同治理的新发展格局，从而保障到 2030 年环境质量达标和二氧化碳排放达峰两方面目标的同时实现。

2.3 环境规划与管理制度

环境规划与管理制度是指为了实现环境立法的目的，并在环境保护基本法中作出规定的，由环境保护单项法规或规章所具体表现的，对国家环境保护具有普遍指导意义，并由环境行政主管部门来监督实施的同类法律规范的总称，属于环境保护行为的基本法律制度。按照规划和管理的不同要求，可以分为环境管理制度和环境规划行政法律制度两类。

第三次全国环境保护会议上推出了环境保护目标责任制、城市环境综合整治定量考核制度、排放污染物许可证制度、污染集中控制制度和污染源限期治理制度共五项新的环境管理制度，与原已实行的三同时制度、排污收费制度、环境影响评价制度三项制度，形成了一整套强化环境管理的制度体系。我国制定和推行的八项环境管理制度，是从探索管理整个中国环境的规律和方法出发，以实现环境战略总体目标为原则，构成了具有中国特色的环境管理制度体系，是我国改革开放中的一大创举，并已在实践中取得明显成效，现行的八项环境管理制度主要沿革于 20 世纪 70 年代中期以来的有关国家环境保护政策和规定。在这个时期，环境保护工作的重点主要是放在环境污染的治理之上。为了加强环境规划管理，贯彻预防为主、防治结合的环境政策，根据《中华人民共和国环境保护法》和《中华人民共和国土地管理法》的相关规定，在我国又实施了两项环境规划行政法律制度，即“环境保护计划制度”

和“土地利用规划制度”。两项制度的实施，促进了我国环境规划和管理的法律制度体系趋于完善。

2.3.1 环境规划与管理老3项制度

(1)“三同时”制度

“三同时”制度是指所有新建、改建、扩建项目，其防治污染设施必须与主体工程同时设计、同时施工、同时投入运行。“三同时”制度是我国首创的，它是在总结我国环境管理的实践经验基础上，被我国法律所确认的一项重要的控制新污染源的法律制度。

“三同时”制度最早规定于1973年的《关于保护和改善环境的若干规定》。1979年的《中华人民共和国环境保护法（试行）》和1989年的《中华人民共和国环境保护法》在规定环境影响评价制度的同时，重申“三同时”的规定。1986年的《建设项目环境保护管理办法》、1998年的《建设项目环境保护管理条例》对“三同时”制度都作了具体规定。

(2) 排污收费（税）制度

排污收费（税）制度是指向环境排放污染物或超过规定的标准排放污染物的排污者，依照国家法律和有关规定按标准交纳费用的制度。排污收费的管理依据主要是《排污费征收使用管理条例》。2003年排污总量收费全面实施。

征收排污费的目的，是为了促使排污者加强经营管理，节约和综合利用资源，治理污染，改善环境。排污收费制度是“污染者付费”原则的体现，可以使污染防治责任与排污者的经济利益直接挂钩，促进经济效益、社会效益和环境效益的统一。

排污费的征收对象为“直接向环境排放污染物的单位和个体工商户（简称排污者）”。排污者范围包括工业企业、商业机构、服务机构、政府机构、公用事业单位、军队下属的企业事业单位和行政机关等，实际上包括了一切生产、经营、管理和科研单位，统称排污者。但征收排污费的对象不包括向环境排污的居民户和家庭。对居民和家庭消费引起污染行为的排污收费，一般是采用使用费的形式收费，如污水处理和垃圾处理费的征收形式。排污收费种类：4大类4种118项因子，其中按污染介质分为4大类：水、气、声、危废；按收费方法分为4种：污水排污费、废气排污费、危险废物排污费、噪声超标准排污费；按污染因子分为118项：水污染因子69项（65项污染物，4个特征值）、气污染物45项、危险废物类型1项、噪声类型3项。

排污费必须纳入财政预算，列入环境保护专项资金进行管理，主要用于下列项目的拨款补助或者贷款贴息：重点污染源防治、区域性污染防治、污染防治新技术、新工艺的开发、示范和应用以及国务院规定的其他污染防治项目。

《中华人民共和国环境保护税法》于2018年1月1日起施行，费改税开始，征收权由环保部门正式移交给税务机关，同时，环保部门配合开启“企业申报、税务征收、环保监测、信息共享”的税收征管模式。

《中华人民共和国环境保护税法》中的纳税人主要包括：在中华人民共和国领域和中华人民共和国管辖的其他海域，直接向环境排放应税污染物的企业事业单位和其他生产经营者为环境保护税的纳税人，应当依照本法规定缴纳环境保护税。征税对象包括：《中华人民共和国环境保护税法》所附《环境保护税税目税额表》《应税污染物和当量值表》规定的大气污染物、水污染物、固体废物和噪声。

有下列情形之一的，不属于直接向环境排放污染物，不缴纳相应污染物的环境保护税：①企业事业单位和其他生产经营者向依法设立的污水集中处理、生活垃圾集中处理场所排放应税污染物的；②企业事业单位和其他生产经营者在符合国家和地方环境保护标准的设施、场所贮存或者处置固体废物的。

应税污染物的计税依据，依照下列方法确定：①应税大气污染物按照污染物排放量折合的污染当量数确定；②应税水污染物按照污染物排放量折合的污染当量数确定；③应税固体废物按照固体废物的排放量确定；④应税噪声按照超过国家规定标准的分贝数确定。

纳税人排放应税大气污染物或者水污染物的浓度值低于国家和地方规定的污染物排放标准百分之三十的，减按百分之七十五征收环境保护税。纳税人排放应税大气污染物或者水污染物的浓度值低于国家和地方规定的污染物排放标准百分之五十的，减按百分之五十征收环境保护税。

环境保护税由税务机关依照《中华人民共和国税收征收管理法》征收管理。生态环境主管部门依照本法和有关环境保护法律法规的规定负责对污染物的监测管理。县级以上地方人民政府应当建立税务机关、生态环境主管部门和其他相关单位分工协作工作机制，加强环境保护税征收管理，保障税款及时足额入库。生态环境主管部门和税务机关应当建立涉税信息共享平台和工作配合机制。税务机关应当将纳税人的纳税申报数据资料与生态环境主管部门交送的相关数据资料进行比对。税务机关发现纳税人的纳税申报数据资料异常或者纳税人未按照规定期限办理纳税申报的，可以提请生态环境主管部门进行复核，生态环境主管部门应当自收到税务机关的数据资料之日起十五日内向税务机关出具复核意见。税务机关应当按照生态环境主管部门复核的数据资料调整纳税人的应纳税额。

(3) 环境影响评价制度

环境影响评价是指对规划和建设项目实施后可能造成的环境影响进行分析、预测和评估，提出预防或者减轻不良环境影响的对策和措施，进行跟踪监测的方法与制度。

我国在1979年《中华人民共和国环境保护法（试行）》中，规定实行环境影响评价报告书制度；1986年颁布了《建设项目环境保护管理办法》；1998年颁布了《建设项目环境保护管理条例》，针对评价制度实行多年的情况对评价范围、内容、程序、法律责任等做了修改、补充和更具体的规定，从而在我国确立了完整的环境影响评价制度。

2003年《中华人民共和国环境影响评价法》（2018年修正）正式施行，为了从源头上、总体上控制开发建设活动对环境的不利影响，促进实现可持续发展的目标，该法以法律形式，将环境影响评价制度的范围，从建设项目扩大到有关规划，确立了对有关规划进行环境影响评价的法律制定。

为深化建设项目环境影响评价“放管服”改革，优化和规范环境影响报告表编制，提高环境影响评价制度有效性，生态环境部修订了《建设项目环境影响报告表》内容及格式。根据建设项目环境影响特点将报告表分为污染影响类和生态影响类，配套制定了《建设项目环境影响报告表编制技术指南（污染影响类）（试行）》和《建设项目环境影响报告表编制技术指南（生态影响类）（试行）》。《建设项目环境影响报告表》内容、格式及编制技术指南，自2021年4月1日起实施。

2.3.2 环境规划与管理新5项制度

(1) 环境保护目标责任制

环境保护目标责任制是一种具体落实地方各级政府和有关污染的单位对环境质量负责的行政管理制度。一个区域、一个部门乃至一个单位环境保护的主要责任者和责任范围，运用目标化、定量化、制度化的管理方法，把贯彻执行环境保护这一基本国策作为各级领导的行为规范，推动环境保护工作的全面、深入发展，是责、权、利、义的有机结合。环境保护目标责任制被认为是八项环境管理的龙头制度。环境保护目标责任制规定了各级政府行政首长应对当地的环境质量负责，企业的领导人对本单位污染防治负责，并确定他们在任期内环境保护的任务目标，列为政绩进行考核。

第二次全国环境保护会议后，在我国各级政府中推行的“环境保护目标责任制”，通过将环保目标的逐级分解、落实，突出了各级地方政府负责人的环境责任，解决了环境管理的保证条件和动力机制，促使环境管理系统内部活动有序，系统边界分明，环境责任落实，改变了环境管理孤军作战的被动局面。1997 年 3 月 8 日中央政治局常委召开座谈会，亲自听取环保工作汇报，表明了党中央对环境问题的高度重视，开创了地方政府“一把手亲自抓”环境管理，环保主管部门负责编制和检查、落实环境规划，各相关部门积极配合强化环境管理的新局面。

(2) 城市环境综合整治定量考核制度

城市环境综合整治定量考核制度是对城市实行综合整治的成效、城市环境质量，制订量化指标进行考核，每年评定城市各项环境建设与环境管理的总体水平。这项制度是城市政府统一领导负总责，有关部门各尽其职、分工负责，环保部门统一监督的管理制度。

综合整治的概念最早是在 1984 年《中共中央关于经济体制改革的决定》中提出来的。随着国家经济体制的改革，政府职能发生了变化，该决定要求以城市为中心的各地政府要把工作重点从经济建设的计划指导转变到城市基础设施建设、城市公共设施建设和城市环境综合整治上来。1985 年在河南洛阳召开的第一次全国城市环境保护工作会议上，确定了我国城市环境保护工作的发展方向——综合整治。2003 年国家环保总局发布了“关于印发《生态县、生态市、生态省建设指标（试行）》的通知”，在全国各地掀起了创建生态县、生态市和生态省的高潮。“十二五”城市环境综合整治定量考核指标实施细则的实施，标志着我国城市综合整治进入了新的发展阶段。

(3) 排放污染物许可证制度

对环境有不良影响的各种规划、开发、建设项目，排污设施或经营活动，其建设者或经营者，需要事先提出申请，经主管部门审查批准，颁发许可证后才能从事该项活动，这就是许可证制度。包括排污申报登记制度和排污许可证制度两个方面以及排污申报，确定污染物总量控制目标和分配排污总量削减指标，核发排污许可证，监督检查执行情况等四项内容。这是一项与我国污染物排放总量控制计划相匹配的环境管理制度。

中国施行排污申报登记的规定最早见于 1982 年由国务院颁布的《征收排污费暂行办法》之中，其主要目的在于以此作为排污收费的依据。后来在相继制定的《中华人民共和国环境保护法》中明确规定："排放污染物的企业事业单位和其他生产经营者，应当按照国家有关规定缴纳排污费。排污费应当全部专项用于环境污染防治，任何单位和个人不得截留、挤占或者挪作他用。"排污许可证制度是比申报登记制度更严格的对环境进行科学化、目标化和定量化管理的一项制度。排污许可证制度在我国大规模地普遍实施，还不完全具备条件。

实施污染物排放许可证制度后，容许排污权交易是国内环保制度的重大创新。排污单位经治理或产业（包括产品）调整，其实际排放物总量低于所核准的允许排放污染物总量部分，经环保部门批准，允许进行有偿转让。由于在现行的管理安排中，采取的是由政府征收排污费的制度，是一种非市场化的配额办法，而不是使用市场交易的方式，所以从国内的情况来看，将排污权的交易具体化为一项可以操作的制度安排，并加以实际实施，需要在运行机制上进行探索。2001 年 9 月，亚洲开发银行资助的"二氧化硫排污交易制"在山西省太原市 26 家企业试点，首开国内排污权交易之先河。

《碳排放权交易管理办法（试行）》已于 2020 年 12 月 25 日由生态环境部部务会议审议通过，自 2021 年 2 月 1 日起施行。该办法适用于全国碳排放权交易及相关活动，包括碳排放配额分配和清缴，碳排放权登记、交易、结算，温室气体排放报告与核查等活动，以及对前述活动的监督管理。

（4）污染集中控制制度

污染集中控制是针对分散控制的问题，改变过去一家一户治理污染的做法，把有关污染源汇总在一起，经分析比较，进行合理组合，在经济效益、环境效益和社会效益优化的前提下，采取集中处理措施的污染控制方式。实践证明，推行集中控制，有利于使有限的环保投资获得最佳的总体效益。

为有效地推行污染集中控制，必须有一系列有效措施加以保证：

① 实行污染集中控制，必须以规划为先导。污染集中控制与城市建设密切相关，如完善城市排水管网，建立城市污水处理厂，发展城市煤气化和集中供热，建设城市垃圾处理厂，发展城市绿化等。因此，集中控制必须与城市建设同步规划，同步实施。

② 实行污染集中控制必须突出重点，划定不同的功能区划，分别整治。

③ 实行污染集中控制必须与分散控制相结合，构建区域环境污染综合防治体系。

④ 疏通多种资金渠道是推行污染集中控制的保证。要实现集中控制必须落实资金。应充分利用环保基金贷款、建设项目环保资金、银行贷款及地方财政补贴等多种渠道筹措资金。

⑤ 实行污染集中控制，地方政府协调是关键。污染集中控制不仅涉及企业，也涉及地方政府各部门，充分依靠地方政府的协调，是集中控制方案得以落实的基础。

（5）污染限期治理制度

所谓污染源限期治理制度，系指对超标排放的污染源，由国家和地方政府分别做出必须在一定期限内完成治理达标的决定，是一项强制性的法律制度。《限期治理管理办法（试行）》已于 2009 年 9 月 1 日起施行。

确定限期治理项目要考虑如下条件：①根据城市总体规划和城市环境保护规划的要求对区域环境整治作出总体规划；②首先选择危害严重、群众反映强烈、位于敏感地区的污染源进行限期治理；③要选择治理资金落实和治理技术成熟的项目。

2.3.3 环境规划与管理增2项制度

(1) 环境应急管理制度

频发的突发环境事件和环境风险，对环境应急管理提出更系统、更严格和更规范的要求。环境事件应急管理制度，有助于从总体上加强环境应急管理工作，有效应对突发环境事件严峻形势，有力维护保障环境安全，促进经济社会的协调发展。

《突发环境事件应急管理办法》是为了预防和减少突发环境事件的发生，控制、减轻和消除突发环境事件引起的危害，规范突发环境事件应急管理工作，保障公众生命安全、环境安全和财产安全而制定的法规，2015年3月19日，环境保护部部务会议通过，2015年4月16日环境保护部令第34号公布，自2015年6月5日起施行。

(2) 生态环境保护督察制度

环境保护督察是党中央、国务院推进生态文明建设和环境保护工作的重大制度创新，是强化生态环保责任、解决突出环境问题的重要举措。2015年8月以来，党中央、国务院先后出台了《生态文明体制改革总体方案》《党政领导干部生态环境损害责任追究办法（试行）》《环境保护督察方案（试行）》等生态文明体制改革“1＋6”系列重要文件，要求建立国家环境保护督察制度和生态环境损害责任追究制度，采用中央巡视组巡视的工作方式、程序和纪律要求全面开展环保督察工作。

《中央生态环境保护督察工作规定》是为了规范生态环境保护督察工作，压实生态环境保护责任，推进生态文明建设，建设美丽中国，根据《中共中央 国务院关于全面加强生态环境保护 坚决打好污染防治攻坚战的意见》《中华人民共和国环境保护法》等要求制定。由中共中央办公厅、国务院办公厅于2019年6月印发实施。

《中央生态环境保护督察工作规定》是生态环境保护领域的第一部党内法规。在第二轮中央生态环境保护督察即将启动之前，规定以党内法规的形式来规范督察工作，充分体现了党中央、国务院推进生态文明建设、加强生态环境保护工作的坚强意志和坚定决心，将为依法推动生态环保督察向纵深发展发挥重要作用。

第一轮督察从2015年底在河北省试点开始，统计显示，第一轮督察及“回头看”共受理群众举报21.2万余件，直接推动解决群众身边生态环境问题15万余件。其中，立案处罚4万多家，罚款24.6亿元；立案侦查2303件，行政和刑事拘留2264人。第一轮督察及“回头看”共移交责任追究问题509个。两批“回头看”公开曝光了125个敷衍整改、表面整改、假装整改及“一刀切”典型案例，有效传导压力。

第二轮督察有一些新变化——在督察对象上，将国务院有关部门和有关中央企业纳入了督察对象；在督察内容上，将聚焦污染防治攻坚战、聚焦“山水林田湖草”生命共同体，以大环保的视野来推动督察工作；在督察方式上，将进一步强化宣传工作，强化典型案例的发布，采用一些新技术、新方法，来提高督察效能。

第三轮第一批中央生态环境保护督察于2023年底全面启动，组建5个中央生态环境保护督察组，分别对福建、河南、海南、甘肃、青海5个省开展为期约1个月的督察进驻工作。重点关注习近平生态文明思想和习近平总书记重要指示批示贯彻落实情况；党中央、国务院有关重大决策部署落实情况；加快发展方式绿色转型、推动高质量发展情况，坚决遏制“两高一低”项目盲目上马和淘汰落后产能情况；区域重大战略实施中的突出生态环境问题；重大生态破坏、环境污染、生态环境风险及处理情况；环境基础设施建设和运行情况；此前督察发现问题整改情况；人民群众反映突出的生态环境问题；生态环境保护“党政同责”“一岗双责”落实情况等。

中央生态环境保护督察开展的实践证明，督察不仅推动地方解决了一批突出的生态环境问题，也在促进地方树立新发展理念、推动高质量发展方面发挥了重要作用。督察可以有效提升地方落实新发展理念的自觉性。督察可以有效倒逼产业结构调整和产业布局优化，如新疆就明确“高污染、高能耗、高排放”的“三高”项目不能进新疆；内蒙古实施“以水定产”，使一些高耗水产业得到有效遏制。督察可以有效解决“劣币驱逐良币”的问题，通过对污染重、能耗高、排放多、技术水平低的“散乱污”企业整治，有效规范市场秩序，创造公平的市场环境，使合法合规企业的生产效益逐步提升。督察还可以有效推动一批绿色产业加快发展。

习题

在线习题

1. 简述我国环境规划与管理的方针。
2. 简述我国环境规划与管理的政策类别与内容。
3. 简述我国生态环境政策改革的内容。
4. 简述“3+ 5+ 2”环境管理制度的组成。

第3章 环境规划与管理的法律、法规和标准

3.1 环境法律责任

环境法律责任，是指环境法主体因违反其法律义务而应当依法承担的、具有强制性的法律后果，按其性质可以分为环境行政责任、环境民事责任和环境刑事责任三种。

3.1.1 环境行政责任

环境行政责任，是指环境行政法律关系主体（包括环境管理主体与环境相对人）违反环境行政法律法规（不应为而作为）或不履行环境行政法律义务（应作为而不作为）所应承担的行政方面的法律责任。

环境行政责任的主体可以是行政相对人，也可以是环境行政主体。环境保护法主要规定了环境行政相对人的环境行政责任，对负有环境行政法律责任者，由各级人民政府的环境行政主管部门或者其他依法行使环境监督管理权的部门根据违法情节给予罚款等行政处罚；情节严重的，有关责任人员由其所在单位或政府主管机关给予行政处分；当事人对行政处罚不服的，可以申请行政复议或提起行政诉讼；当事人对环境保护部门及其工作人员的违法失职行为可以直接提起行政诉讼。

3.1.2 环境民事责任

环境民事责任，是指单位或者个人因污染危害环境而侵害了公共财产或者他人的人身、财产所应承担的民事方面的责任。

在现行环境法中，因破坏环境资源而造成他人损害的，实行过失责任原则。行为人没有过错的，即使造成了损害后果，也不构成侵权行为、不承担民事赔偿责任。其构成环境侵权行为、承担环境民事责任的要件包括行为的违法性、损害结果、违法行为与损害结果之间具有因果关系、行为人主观上有过错4个方面。因污染环境造成他人损害的，则实行无过失责任原则，除了对因不可抗拒的自然灾害、战争行为以及第三人或受害人的故意、过失等法定免责事由所引起的环境损害免予承担责任外，不论行为人主观上是否有过错，也不论行为本身是否合法，只要造成了危害后果，行为人就应当依法承担民事责任，即以危害后果、致害行为与危害后果间的因果关系两个条件为构成环境污染侵权行为、承担环境民事责任的要件。

追究责任人的环境民事责任时，可以采取以下办法：由当事人之间协商解决；由第三人、律师、环境行政机关或其他有关行政机关主持调解；提起民事诉讼；也有的通过仲裁解决，特别是针对涉外的环境污染纠纷。

3.1.3 环境刑事责任

环境刑事责任，是指行为人因违反环境法，造成或可能造成严重的环境污染或生态破坏，构成犯罪时，应当依法承担的以刑罚为处罚方式的法律后果。

环境刑事责任的法律根据就包括环境犯罪罪过与环境犯罪构成两方面。环境犯罪罪过指的是包括犯罪主观方面的故意、过失与动机和目的之类的心理态度，是环境犯罪的主观根据，以及环境犯罪主体自身的个性心理特征，如习惯、兴趣、气质、性格、情感等主体心理特质，此外，还应当包括与环境犯罪构成客观方面紧密联系的其他客观要素等。

构成环境犯罪是承担环境刑事责任的前提条件。与其他犯罪一样，构成环境犯罪、承担环境刑事责任的要件包括犯罪主体、犯罪的主观方面、犯罪客体和犯罪的客观方面。

环境犯罪的主体是指从事污染或破坏环境的行为，具备承担刑事责任的法定生理和心理条件或资格的自然人或法人。环境犯罪的主观方面是指环境犯罪主体在实施危害环境的行为时对危害结果发生所具有的心理状态，包括故意和过失两种情形。环境犯罪的客体是受环境刑法保护而为环境犯罪所侵害的社会关系，包括人身权、财产权和国家保护、管理环境资源的秩序等。环境犯罪的客观方面是环境犯罪活动外在表现的总和，包括危害环境的行为、危害结果以及危害行为与危害结果间的因果关系。

3.2 环境保护法规

3.2.1 宪法中的环境保护规定

宪法在一个国家法律体系中处于最高位阶，它是一个国家的根本大法，任何法律规范都必须首先符合宪法规定。环境保护作为一项国家职责和基本国策在宪法中加以确认。

《中华人民共和国宪法》(2018 修正) 第二十六条规定："国家保护和改善生活环境和生态环境，防治污染和其他公害。国家组织和鼓励植树造林，保护林木。"这一规定是国家对环境保护的总政策，说明了环境保护是国家的一项基本职责。此外，我国宪法第九条、第十条中对自然资源和一些重要的环境要素的所有权及其保护也做出了许多的规定。宪法中所有这些规定，是我国环境保护法的法律依据和指导原则。

3.2.2 中华人民共和国环境保护法

1979 年制定了《中华人民共和国环境保护法（试行）》，1989 年颁布了《中华人民共和国环境保护法》，2014 年 4 月 24 日第十二届全国人民代表大会常务委员会第八次会议修订(2015 年 1 月 1 日实施)，这部新的综合性环境基本法在环境保护的重要问题上都做了相应的规定。其主要内容包括总则、监督管理、保护和改善环境、防治污染和其他公害、信息公开和公众参与、法律责任和附则七章。

新《中华人民共和国环境保护法》从原来的 47 条增加到 70 条，本次修订对环保的一些基本制度作出规定，如环境规划、环境标准、环境监测、总量控制、生态补偿、排污收费等，加入了"对拒不改正的排污企业实施按日计罚"，"对严重的违法行为采取行政拘留"以及"政府的主要负责人在面对政府的违法行为造成严重后果时要引咎辞职"等内容，增设"信息公开和公众参与"专章，并提出建立"违法名单"制度，环境违法信息将记入社会诚信档案，并向社会公布违法者名单，"公益诉讼主体"范围进一步扩大至在设区的市级以上人民政府民政部门登记的社会组织，被专家称为"史上最严"的环保法律。

《中华人民共和国环境保护法》是我国环境保护的"基本法"，是指国家制定的包含某方面综合性政策、目标规定的整体性综合性法律。它对环境保护的目的、范围、对象、方针政策、基本原则、重要措施、管理制度、组织机构、法律责任等做出原则性的规定，在制定单行环境法律法规时必须依据综合性环境基本法的规定。

3.2.3 中华人民共和国长江保护法

为了加强长江流域生态环境保护和修复，促进资源合理高效利用，保障生态安全，实现人与自然和谐共生、中华民族永续发展，制定了《中华人民共和国长江保护法》，由中华人民共和国第十三届全国人民代表大会常务委员会第二十四次会议于2020年12月26日通过，自2021年3月1日起施行。

该法共九章九十六条，包括总则、规划与管控、资源保护、水污染防治、生态环境修复、绿色发展、保障与监督、法律责任和附则。强调了生态优先、绿色发展的原则，明确了长江流域经济社会发展的方向，并提出了在长江流域的各类生产生活、开发建设活动应当遵守本法的规定。该法还规定了国家建立长江流域协调机制，统一指导、统筹协调长江保护工作，审议长江保护重大政策、重大规划，协调跨地区跨部门重大事项，督促检查长江保护重要工作的落实情况。该法还明确了许多禁止的条款，包括禁止在长江流域重点生态功能区布局对生态系统有严重影响的产业，禁止重污染企业和项目向长江中上游转移等。此外，对于已经建成的与生态保护要求不符的小水电项目，将要求地方政府实行分类整改和逐步退出。

3.2.4 中华人民共和国黄河保护法

为了加强黄河流域生态环境保护，保障黄河安澜，推进水资源节约集约利用，推动高质量发展，保护传承弘扬黄河文化，实现人与自然和谐共生、中华民族永续发展，制定了《中华人民共和国黄河保护法》。该法于2022年10月30日，由中华人民共和国第十三届全国人民代表大会常务委员会第三十七次会议通过，自2023年4月1日起施行。

该法共十一章一百二十二条，包括总则、规划与管控、生态保护与修复、水资源节约集约利用、水沙调控与防洪安全、污染防治、促进高质量发展、黄河文化保护传承弘扬、保障与监督、法律责任和附则。

黄河保护，法治先行。《中华人民共和国黄河保护法》是一部推动黄河流域生态保护和高质量发展的法律，也是继《中华人民共和国长江保护法》之后制定的又一部流域专门法律。

生态环境脆弱是黄河流域最大的问题。法律明确，国家加强黄河流域生态保护与修复，坚持一体化保护与修复，实行自然恢复为主、自然恢复与人工修复相结合的系统治理；国家加强黄河流域环境污染的综合治理、系统治理、源头治理，推进重点河湖环境综合整治。

水资源短缺是黄河流域最大的矛盾。法律强调，国家在黄河流域强化农业节水增效、工业节水减排和城镇节水降损措施，有效实现水资源节约集约利用，推进节水型社会建设。黄河流域水资源利用，应当坚持节水优先、统筹兼顾、集约使用、精打细算。国家对黄河水量实行统一配置。国家对黄河流域水资源实行统一调度，遵循总量控制、断面流量控制、分级管理、分级负责的原则，根据水情变化进行动态调整。

洪水是黄河流域最大的威胁。法律规定，国家统筹黄河干支流防洪体系建设，加强流域及流域间防洪体系协同，推进黄河上中下游防汛抗旱、防凌联动，构建科学高效的综合性防洪减灾体系。在黄河流域组织建设水沙调控和防洪减灾工程体系，完善水沙调控和防洪防凌调度机制，保障防洪安全。

高质量发展不充分是黄河流域最大的短板。法律提出，促进黄河流域高质量发展应当坚持新发展理念，加快发展方式绿色转型，以生态保护为前提优化调整区域经济和生产力布局。

3.2.5 环境资源单行法

环境资源单行法是针对某一特定的环境要素或特定的环境社会关系进行调整的专门性法律法规，具有量多面广的特点，是环境法的主体部分。

(1) 环境保护单行法

目前，我国已颁布的部分环境保护单行法，见表 3-1。

表 3-1 我国已颁布的环境保护单行法

法律法规名称	首次通过年限	备注
《中华人民共和国海洋环境保护法》	1982 年颁布	1999 年、2013 年、2016 年、2017 年修订
《中华人民共和国水污染防治法》	1984 年颁布	1996 年、2008 年、2017 年修订，2018 年 1 月 1 日施行
《中华人民共和国大气污染防治法》	1987 年颁布	1995 年、2000 年、2015 年三次修订，2016 年 1 月 1 日施行
《中华人民共和国固体废物污染环境防治法》	1995 年颁布	2004 年、2016 年修订
《中华人民共和国环境噪声污染防治法》	1996 年颁布	2018 年修订
《中华人民共和国环境影响评价法》	2002 年颁布	2016 年、2018 年修订
《中华人民共和国放射性污染防治法》	2003 年颁布	
《中华人民共和国清洁生产促进法》	2002 年颁布	2012 年 2 月 29 日修订，2012 年 7 月 1 日起施行
《中华人民共和国环境保护税法》	2016 年 12 月 25 日颁布	2018 年 1 月 1 日起施行
《中华人民共和国核安全法》	2017 年 9 月 1 日颁布	2018 年 1 月 1 日起施行
《中华人民共和国土壤污染防治法》	2018 年 8 月 31 日颁布	2019 年 1 月 1 日起施行
《中央生态环境保护督察工作规定》	2019 年 6 月颁布	我国生态环境保护领域的第一部党内法规

(2) 资源保护单行法

目前，我国已颁布的资源保护单行法可分为以下三类：

① 土地利用规划法。目前，我国已经颁布的有关法律法规主要有《中华人民共和国城市规划法》《村庄和集镇规划建设管理条例》等。

② 自然资源保护法。目前，我国已经颁布的有关法律法规主要有《中华人民共和国土

地管理法》（2019 年 8 月 26 日第三次修正）及其实施条例、《中华人民共和国矿产资源法》及其实施细则、《中华人民共和国水法》、《中华人民共和国海域使用管理》、《中华人民共和国森林法》及其实施条例、《中华人民共和国草原法》、《中华人民共和国渔业法》及其实施细则、《水产资源繁殖保护条例》、《中华人民共和国基本农田保护条例》、《土地复垦条例》、《地质灾害防治条例》、《森林防火条例》、《草原防火条例》等。

③ 自然保护法。目前，我国已经颁布的有关法律法规主要有《中华人民共和国野生动物保护法》及其实施条例、《中华人民共和国水土保持法》及其实施细则、《中华人民共和国防沙治沙法》、《中华人民共和国自然保护区条例》、《风景名胜区条例》、《中华人民共和国野生植物保护条例》、《城市绿化条例》等。

3.2.6 国家其他法律有关环境保护的规定

由于环境问题和环境保护所涉及社会关系的综合性和复杂性，我国除了制定专门的综合性环境基本法以及有关环境与资源单行法外，还在其他一些法律如《中华人民共和国民法典》（简称《民法典》）、《中华人民共和国刑法》（简称《刑法》）和有关经济、行政的法律以及有关的程序法中也都对环境保护做出了一些规定。

(1)《刑法》

2021 年修正的《中华人民共和国刑法》分则，第六章第六节专门规定了破坏环境资源保护罪。根据它们侵犯对象和行为性质的不同，可以分为 5 种类型：第一类，污染环境方面的犯罪，包括污染环境罪，非法处置进口的固体废物罪；第二类，有关野生动物及其制品方面的犯罪，包括非法捕捞水产品罪，危害珍贵、濒危野生动物罪，非法狩猎罪；第三类，有关植物方面的犯罪，包括危害国家重点保护植物罪，非法收购、运输盗伐、滥伐的林木罪；第四类，破坏资源方面的犯罪，包括非法占用农用地罪，破坏性采矿罪；第五类，单位犯破坏环境资源保护罪的处罚规定。新刑法的颁布，对于协调有关环境保护和资源保护法律，完善刑法，与国际立法接轨，具有重大意义，为采用刑法手段保护环境提供了依据。

(2) 行政法

行政法是国家重要部门法之一，是调整行政关系以及在此基础上产生的监督行政关系的法律规范和原则的总称。依照宪法原则而制定的并涉及环境管理范畴的行政法律，如《中华人民共和国民法典》、《中华人民共和国农业法》、企业法、《中华人民共和国乡镇企业法》、《中华人民共和国对外贸易法》、《中华人民共和国标准化法》、《中华人民共和国行政处罚法》、《中华人民共和国文物保护法》、《中华人民共和国卫生法》、《中华人民共和国食品卫生法》等中有关环境保护的条款。

(3)《民法典》

2020 年 5 月 28 日，十三届全国人大三次会议表决通过了《中华人民共和国民法典》。《民法典》规定生态环境损害的惩罚性赔偿制度，并明确规定了生态环境损害的修复和赔偿规则。

《民法典》第一千二百三十四条规定：“违反国家规定造成生态环境损害，生态环境能够修复的，国家规定的机关或者法律规定的组织有权请求侵权人在合理期限内承担修复责任。侵权人在期限内未修复的，国家规定的机关或者法律规定的组织可以自行或者委托他人进行修复，所需费用由侵权人负担。”

《民法典》第一千二百三十五条规定：“违反国家规定造成生态环境损害的，国家规定的机关或者法律规定的组织有权请求侵权人赔偿下列损失和费用：

① 生态环境受到损害至修复完成期间服务功能丧失导致的损失；

② 生态环境功能永久性损害造成的损失；

③ 生态环境损害调查、鉴定评估等费用；

④ 清除污染、修复生态环境费用；

⑤ 防止损害的发生和扩大所支出的合理费用。”

3.2.7 国家行政部门制定的各种环保法令、法规和条例

国务院有关部委根据环境保护的具体对象而制定的各种环保专门性法令、法规、条例和决定，是我国环境保护法规体系的有机组成部分。例如《国务院关于加强环境保护重点工作的意见》、《国务院关于结合技术改造防治工业污染的几项规定》、《国务院关于进一步加强环境保护工作的决定》、《国务院关于加强乡镇、街道企业环境管理的规定》、《国务院关于环境保护若干问题的决定》以及《医疗废物管理条例》、《危险化学品安全管理条例》等。这些法令、法规、条例和决定，具有国家行政强制力，而且针对性和操作性都较强，对我国环境规划与管理走上法治轨道起到了重要的推动作用。

2020 年 11 月 5 日经生态环境部部务会议审议通过《国家危险废物名录（2021 年版）》，自 2021 年 1 月 1 日起施行。2021 年版名录共计列入 467 种危险废物，较 2016 年版减少了 12 种。附录部分新增豁免 16 个种类危险废物，豁免的危险废物共计达到 32 个种类。《国家危险废物名录（2021 年版）》进一步明确了纳入危险废物环境管理的废弃危险化学品的范围，以及废弃危险化学品纳入危险废物环境管理的要求。

2020 年 11 月 25 日，生态环境部、商务部、国家发改委、海关总署联合发布《关于全面禁止进口固体废物有关事项的公告》（以下简称《公告》）。《公告》明确，禁止以任何方式进口固体废物。禁止我国境外的固体废物进境倾倒、堆放、处置。《公告》自 2021 年 1 月 1 日起施行。

为贯彻落实党中央、国务院关于打好污染防治攻坚战的决策部署，推进“放管服”改革要求，生态环境部组织修订并于 2020 年 4 月 29 日发布《新化学物质环境管理登记办法》（生态环境部令第 12 号，以下简称《办法》），自 2021 年 1 月 1 日起施行。《办法》深入贯彻新发展理念，进一步聚焦环境风险，优化了新化学物质环境管理登记申请要求，细化了登记标准，同时强化了事中事后监管和新危害信息跟踪等方面要求。

为加强和规范生态环境统计管理，保障生态环境统计资料真实性、准确性、完整性和及时性，发挥统计支撑生态环境工作重要作用，制定了《生态环境统计管理办法》，已于 2022 年 12 月 30 日由生态环境部 2022 年第六次部务会议审议通过，于 2023 年 1 月 18 日公布，自公布之日起施行。

为了规范生态环境行政处罚的实施，监督和保障生态环境主管部门依法实施行政处罚，维护公共利益和社会秩序，保护公民、法人或者其他组织的合法权益，制定了《生态环境行政处罚办法》，已于 2023 年 4 月 13 日由生态环境部 2023 年第 1 次部务会议审议通过，自

2023 年 7 月 1 日起施行。

为了推动实现我国碳达峰碳中和目标，控制和减少人为活动产生的温室气体排放，鼓励温室气体自愿减排行为，规范全国温室气体自愿减排交易及相关活动，制定了《温室气体自愿减排交易管理办法（试行）》，已于 2023 年 9 月 15 日由生态环境部 2023 年第三次部务会议审议并原则通过，并经国家市场监督管理总局同意，于 2023 年 10 月 19 日公布，自公布之日起施行。

为了规范排污许可管理，制定了《排污许可管理办法》，已于 2023 年 12 月 25 日由生态环境部 2023 年第 4 次部务会议审议通过，自 2024 年 7 月 1 日起施行。

为防止和纠正违法的或者不当的行政行为，保护公民、法人和其他组织的合法权益，监督和保障生态环境部依法行使职权，发挥行政复议化解行政争议的主渠道作用，制定了《生态环境部行政复议办法》，已于 2024 年 3 月 29 日由生态环境部 2024 年第 2 次部务会议审议通过，自 2024 年 6 月 1 日起施行。

3.2.8 环境保护地方性法规

地方性法规是各省、自治区、直辖市根据我国环境法律或法规，结合本地区实际情况而制定并经地方人大审议通过的法规。地方性法规突出了环境管理的区域性特征，有利于因地制宜地加强环境管理，是我国环境保护法规体系的组成部分。国家已制定的法律法规，各地可以因地制宜地加以具体化。国家尚未制定的法律法规，各地可根据环境管理的实际需要，制定地方性法规予以调整。

（1）省级综合性环境保护条例

《江苏省生态环境保护条例》（2024 年 6 月 5 日正式施行），是江苏生态环境领域具有统领性、基础性的综合性法规。该条例第五章专章规定绿色低碳发展，提出“建立健全碳达峰碳中和工作推进机制，落实碳达峰碳中和任务，推动能源消费总量和强度控制向碳排放总量和强度控制转变”。

《广东省环境保护条例》（2022 年修订），将第八条第四款修改为：“环境保护规划与国土空间规划应当相互衔接。”，将第二十九条第一款中的“主体功能区规划”修改为“国土空间规划”。将第六十六条第一款修改为：“违反本条例第二十一条第一款规定，企业事业单位和其他生产经营者未依法取得排污许可证或者未按照排污许可证的要求排放污染物的，由县级以上生态环境主管部门依法予以处罚。”将第七十三条第二款中的“饮食服务业经营者未按照规定设置油烟净化设施的，由县级以上生态环境主管部门责令改正”修改为“饮食服务业经营者未按照规定设置油烟净化设施的，由县级以上人民政府确定的监督管理部门责令改正”。同时删去第二十四条第一款至第三款、第六十八条第一款、第二款中的“第四款”。

（2）大气污染防治类

《河北省大气污染防治条例》（2021 年修订）。向大气排放污染物的排污单位，应当按照国家和本省规定，设置大气污染物排放口及其标志。除因发生或者可能发生安全生产事故或者突发环境事件需要通过应急排放通道排放大气污染物外，禁止通过其他排放通道排放大气污染物。

《陕西省大气污染防治条例》（2023 年修订），针对各级政府的职责，进行了强化和明确，强化环境监测和监督，推进区域大气污染联防联控，细化环境公益诉讼，继续强化产业布局，首设燃煤总量控制制度；同时，制定有害物质控制标准，细化了排污许可证制度，引入环境污染责任保险，加大处罚力度，强化机动车污染防治和餐饮油烟污染防治。该条例首次将“排放大气污染物的，应当符合国家和地方排放标准和主要大气污染物排放总量控制指标”写入总则，首次将排污权有偿使用与交易写进地方性法规，首次规定产生挥发性有机物污染物的单位必须收集处理。

(3) 水环境保护类

《贵州省赤水河流域保护条例》(2021 年修订)，贵州省人民代表大会常务委员会率先出台全国省级层面第一部针对流域保护而制定的地方性法规，突出了保护优先、合理开发，立足生态、全面保护的思路，政府主导、社会参与的机制，用严格的制度、严密的法治、更高的标准保护赤水河流域生态环境，为赤水河流域保护提供了坚强的法治保障。

《广东省水污染防治条例》(2021 年修订)，明确水污染防治应当坚持“预防为主、防治结合、综合治理、公众参与、损害担责”五大原则，该条例不仅从上位法汲取智慧养分，还吸纳涵盖了 5 个地方性法规行之有效的特色条款，内容更完善，要求更严格；构建了风险防范体系，加强监督检查、隐患排查和风险评估，完善流域上下游应急联动机制。

(4) 土壤与固废管理类

《北京市生活垃圾管理条例》(2020 年修订)。该条例首次明确，单位和个人是生活垃圾分类投放的责任主体，并对个人违法投放垃圾的行为，实行教育和处罚相结合。违规投放的个人“屡教不改”，最高可处 200 元罚款。

《山东省固体废物污染环境防治条例》(2022 年颁布)。该条例明确规定固体废物污染环境防治遵循减量化、资源化、无害化的原则，注重强化各级人民政府及其相关部门的监管职责，突出对危险废物污染环境的防治。

(5) 生态保护与区域特色立法

《海南省生态保护红线管理规定》(2022 年修订)，明确了生态保护红线的内涵和划入范围，明确了生态保护红线涉及的政府及相关部门职责，明确了生态保护红线的划定程序和调整情形，明确了生态保护红线的准入和分区管控要求。此外，为了贯彻落实海南自由贸易港实行最严格的生态环境保护制度的要求，规定了生态保护红线内的自然保护区、饮用水水源保护区等各类保护区域，相关保护规定与该规定不一致的，按照最严格的保护规定执行。

3.2.9 签署并批准的国际环境公约

国际环境公约由一系列国际公约组成，包括：《与保护臭氧层有关的国际环保公约》《控制危险废物越境公约》《濒危野生动植物物种国际贸易公约》《生物多样性公约》《生物安全议定书》《卡特赫纳生物安全议定书》《联合国气候变化框架公约》等。

我国积极开展环境外交，参与各项重大的国际环境事务，在国际环境与发展领域中发挥着越来越大的作用。我国本着积极负责的态度，积极履行加入的国际环境公约中应承担的义务，如《维也纳公约》《防治荒漠化的公约》《生物多样性公约》《控制危险废物越境转移及处置巴赛尔公约》《濒危野生动植物物种国际贸易公约》《联合国气候变化框架公约》等，并在全球、区域和双边环境合作中不断取得进展。

对于许多重要的国际环境公约，中国都制订了积极可行的行动计划。例如，中国先后制定了《中国消耗臭氧层物质逐步淘汰国家方案》和《中国履行〈生物多样性公约〉国家报告》等文件，并采取了一系列切实可行的措施履行国际公约。

3.3 环境标准

3.3.1 环境标准的定义

环境标准是为了防止环境污染，维护生态平衡，保护人群健康，对环境保护工作中需要统一的各项技术规范和技术要求所做的规定。具体讲，环境标准是国家为了保护人民健康，促进生态良性循环，实现社会经济发展目标，根据国家的环境政策和法规，在综合考虑本国自然环境特征、社会经济条件和科学技术水平的基础上，规定环境中污染物的允许含量和污染源排放污染物的数量、浓度、时间和速度、监测方法以及其他有关技术规范。环境标准是环境保护法规体系中一个独立的、特殊的、重要的组成部分。

环境标准的法律性质主要表现在：

（1）环境标准具有规范性

法律的基本特征之一是具有规范性，它是调整人们行为的尺度。环境标准同法律一样也是一种具有规范性的行为规则，它同一般法律不同之处只在于：它不是通过法律条文规定人们的行为模式和法律后果，而是通过一些定量性的数据、指标、技术规范来表示行为规范的界限，来调整人们的行为。

（2）环境标准具有法律的约束力

环境质量标准是制定环境目标和环境规划的依据，也是判断环境是否受到污染和制定污染物排放标准的法定依据；污染物排放更是监督、监测各种排污活动，判定排污活动是否违法的依据。

（3）环境标准要经授权

环境标准由有关国家机关按照法定程序制定和颁发。

3.3.2 环境标准的分类和分级

（1）环境标准的分类

我国环境标准分为：环境质量标准、污染物排放标准、环境基础标准、环境方法标准、环境标准物质标准和环保仪器设备标准等六类。

(2) 环境标准的分级

环境标准分为国家标准和地方标准。其中环境基础标准、环境方法标准和环境标准物质标准等只有国家标准，并尽可能与国际标准接轨。

根据《中华人民共和国标准化法》的规定：标准包括国家标准、行业标准、地方标准和团体标准、企业标准。国家标准分为强制性标准、推荐性标准，行业标准、地方标准是推荐性标准。对保障人身健康和生命财产安全、国家安全、生态环境安全以及满足经济社会管理基本需要的技术要求，应当制定强制性国家标准。对满足基础通用、与强制性国家标准配套、对各有关行业起引领作用等需要的技术要求，可以制定推荐性国家标准。有关强制性国家环境标准的代号，用“GB”表示；推荐性国家环境标准的代号，用“GB/T”表示；行业环境标准代号用“HJ/T”表示。

3.3.3 环境标准的作用

环境标准是保护社会物质财富和促进生态良性循环，对环境结构和状态，在综合考虑自然环境特征、科学技术水平和经济条件的基础上，由国家按照法定程序制定和批准的技术规范，是国家环境政策在技术方面的具体体现，是执行各项环境法律的基本依据。环境标准是监督管理的最重要的措施之一，是行使管理职能和执法的依据；也是处理环境纠纷和进行环境质量评价的依据，是衡量排污状况和环境质量状况的主要尺度。

(1) 国家环境保护法规的重要组成部分，具有法规约束力

国家环境保护法规的重要组成部分，具有法规约束力，绝大多数是法律规定必须严格贯彻执行的强制性标准，具有行政法规的效力。国家环境标准明确规定了适用范围，及企事业单位在排放污染物时必须达到、可以达到的各项技术指标要求，规定了监测分析的方法以及违反要求所应承担的经济后果等。

(2) 环境标准是环境规划的具体体现

环境标准提供了可列入国民经济和社会发展计划中的具体环境保护指标，为环境保护计划切实纳入各级国民经济和社会发展计划创造了条件，环境规划的目标主要是用标准来衡量的。环境质量标准是具有鲜明的阶段性和区域性特征的规划指标，具备可定量化、可操作性强的特点。污染物排放标准是根据环境质量目标要求，将规划措施付诸实施，按污染控制项目进行分解和定量化，具有可阶段性实施的特点。

(3) 环境标准是环境管理和环境执法的技术依据

环境管理制度和措施的一个基本特征是定量管理，要求在污染源控制与环境目标管理之间建立定量评价关系，并进行综合分析，需要通过环境保护标准统一技术方法，作为环境管理制度实施的技术依据。环境标准是强化环境管理的核心，环境质量标准提供了衡量环境质量状况的尺度，污染物排放标准为判别污染源是否违法提供了依据。同时，环境基础标准统一了环境质量标准和污染物排放标准实施的技术要求，为环境质量标准和污染物排放标准正确实施提供了技术保障，并相应提高了环境监督管理的科学水平和可比程度。

(4) 环境标准是推动科技进步的动力

环境标准是依据科学技术与实践的综合成果制定的，具有科学性和先进性，代表了今后

一段时期内科学技术的发展方向。环境标准在某种程度上成为判断污染防治技术、生产工艺与设备是否先进可行的依据，成为筛选、评价环保科技成果的一个重要尺度，对技术进步起到导向作用。同时，环境标准规范了环保有关技术名词、术语等，保证了环境信息的可比性，使环境科学各学科之间，环境监督管理各部门之间以及环境科研和环境管理部门之间有效的信息交往和相互促进成为可能，加速科技成果转化。

(5) 环境标准是环境评价的准绳

在环境评价工作中，只有依靠环境标准，才能做出定量化的比较和评价，正确判断环境质量的好坏，从而为控制环境质量，进行环境污染综合防治，以及设计切实可行的治理方案提供科学依据。

(6) 环境标准具有引导投资作用

环境标准中指标值的高低是确定污染预防和污染源治理污染资金投入的技术依据，在基本建设和技术改造项目中也是目标标准值，可量化污染治理程度，为提前安排污染预防和防治资金提供导向作用。

习题

在线习题

1. 简述环境法律责任的内容。
2. 简述我国环境保护法规体系的构成。
3. 简述我国环境标准的含义、分类和作用。

原理和方法篇

第4章
环境规划与管理的理论基础

4.1 生态文明建设之生态学原理

2012年11月，党的十八大从新的历史起点出发，做出“大力推进生态文明建设”的战略决策。生态文明建设，是关系人民福祉、关乎民族未来的长远大计。面对资源约束趋紧、环境污染严重、生态系统退化的严峻形势，必须树立尊重自然、顺应自然、保护自然的生态文明理念，把生态文明建设放在突出地位，融入经济建设、政治建设、文化建设、社会建设各方面和全过程，努力建设美丽中国，实现中华民族永续发展。坚持节约资源和保护环境的基本国策，坚持节约优先、保护优先、自然恢复为主的方针，着力推进绿色发展、循环发展、低碳发展，形成节约资源和保护环境的空间格局、产业结构、生产方式、生活方式，从源头上扭转生态环境恶化趋势，为人民创造良好生产生活环境，为全球生态安全作出贡献。

(1) 环境容量

① 环境容量的含义。环境容量，是指某一环境区域内对人类活动造成影响的最大容纳量，是一个复杂的反映环境净化能力的量，其数值应能表征污染物在环境中的物理、化学变化及空间机械运动性质。环境容量是自然生态环境的基本属性之一，由自然生态环境特征和污染物质特性共同确定，是反映生态平衡规律、污染物在自然环境中的迁移转化规律以及生物与生态环境之间的物质能量交换规律为基础的综合性指标。环境容量是一个变量，可由公式(4-1) 表示。

$$M=K+R \tag{4-1}$$

式中　M——环境容量；

K——基本环境容量；

R——变动环境容量。

环境容量（M）由基本环境容量（K）和变动环境容量（R）两个组成部分，基本环境容量也被称为 K 容量或稀释容量，可以通过环境质量标准减去环境本底值求得；变动环境容量也被称为 R 容量或自净容量，指该环境单元的自净能力。合理利用生态环境的稀释和自净容量，对防治环境污染具有重要的经济价值。从这个意义上讲，环境容量是一种环境资源，必须受到人们的重视。

某环境单元内的环境容量值的大小，与该环境单元本身的组成和结构有关。因此，在地表不同的区域内，环境容量的变化具有明显的地带性规律和地区性差异。要准确地得到某区域的环境容量，需要花费大量的人力、物力以及较长的研究、监测时间。由于环境容量的自净机制，可用环境浓度标准值与背景值之差，通过一定的输入输出关系转换成排放量，即以污染物的允许排放量作为环境容量。

在环境规划与管理过程中，环境容量应是一个描述系统性的、与人类社会行为息息相关的动态变化量。环境系统不仅提供容纳污染物的能力，还为人类提供了生存发展所必需的资源、能源、各种精神财富和文化载体，环境对人类社会的支持作用远大于环境容量这一概念的内涵。

② 环境容量的应用。通过对污染源的浓度控制并不能有效地控制某一地区的污染发展趋势。即使每个排放源均浓度达标，也不能保证众多污染物浓度叠加后还能达标，也不能很好地对区域环境污染物总量进行控制。只有利用环境容量进行区域环境的污染物排放总量控制，继而控制区域环境质量。

例如，在城市环境综合整治规划中，首先根据污染源调查结果和已有的社会经济发展规划，利用各种模型预测未来的环境质量；其次根据预测结果和已确定的环境目标，通过浓度、排放量转换关系计算环境容量；最后根据环境容量和污染物总削减量，得到综合治理方案。

(2) 环境承载力

① 环境承载力的含义。环境承载力指在一定时期内，在维持生态环境系统相对稳定的前提下，其所能承受的人类社会、经济活动的能力阈值。它是描述环境状态的重要参量之一，即某一时刻环境状态不仅与其自身的运动状态有关，还与人类作用有关。环境承载力既不是一个纯粹描述自然环境特征的量，又不是一个描述人类社会的量，它反映了人类与环境相互作用的界面特征，是研究环境与经济是否协调发展的一个重要判据。

环境承载力侧重体现和反映生态环境系统的社会属性，即外在的社会禀赋和性质，生态环境系统的结构和功能是其承载力的根源；而环境容量侧重反映生态环境系统的自然属性（自然环境的各种要素：大气、水、土壤、生物等和社会环境的各种要素：人口、经济、建筑、交通等），即内在的禀赋和性质。在科学技术和社会关系发展的一定历史阶段，环境承载力是有限的，环境容量也具有相对的确定性和有限性，这是两者的共同之处。

环境承载力是环境系统固有功能的表现，它不仅与环境系统本身的结构有关，还与外界（人类社会经济活动）的输入输出有关。若将环境承载力（EBC）看成一个函数，那么它至少包含时间（T）、空间（S）、人类经济行为的规模与方向（B）三个自变量。

$$\mathrm{EBC}=f(T,S,B) \tag{4-2}$$

在一定时刻和区域范围内，可以将生态环境系统自身的固有特征视为定值，则环境承载力随人类经济行为规模与方向的变化而变化。环境承载力的特征表现为时间性、区域性以及与人类社会经济行为的关联性。不同的时刻、不同的地点、不同的经济行为作用力，具有不同环境承载力。环境承载力既是一个客观的表现环境特征的量，又与人类的主要经济行为息息相关。

② 环境承载力指标体系。从环境系统与人类社会经济系统之间物质、能量和信息的联系角度，可以将环境承载力指标分为三部分：资源供给指标（如水资源、土地资源和生物资源的数量、质量和开发利用程度）、社会影响指标（如经济实力、污染治理投资、公用设施水平和人口密度等）和污染容纳指标（如污染物的排放量、绿化状况和污染物净化能力等）。

通过环境承载力指标体系，可以间接量化表达某一区域的环境承载量和环境承载力。环境承载力可以被应用于环境规划，并作为其理论基础之一，成为从环境保护方面规划未来人类行为的一项依据。

（3）工业生态学

① 工业生态学的含义。工业生态学又称产业生态学，是一门研究社会生产活动中自然资源从源、流到汇的全代谢过程、组织管理体制以及生产、消费、调控行为的动力学机制、控制论方法及其与生命支持系统相互关系的系统科学。工业生态学的思想包含了“从摇篮到坟墓”的全过程管理系统观，即在产品的整个生命周期内不应对环境和生态系统造成危害，产品生命周期包括原材料采掘、原材料生产、产品制造、产品使用以及产品用后处理。

工业生态学是生态工业的理论基础。把整个工业系统作为一个生态系统来看待，认为工业系统中的物质、能源和信息的流动与储存不是孤立的简单叠加关系，而是可以像在自然生态系统中循环运行，它们之间相互依赖、相互作用、相互影响，形成复杂的、相互连接的网络系统。工业生态学通过“供给链网”分析（类似食物链网）和物料平衡核算等方法分析系统结构变化，进行功能模拟和分析产业流（输入流、产出流）来研究工业生态系统的代谢机理和控制方法。

系统分析是工业生态学的核心方法，在此基础上发展起来的工业代谢分析和生命周期评价是目前工业生态学中普遍使用的有效方法。工业生态学以生态学的理论观点考查工业代谢过程，亦即从取自环境到返回环境的物质转化全过程。工业生态学研究工业活动和生态环境的相互关系，以研究调整、改进当前工业生态链结构的原则和方法，建立新的物质闭路循环，使工业生态系统与生物圈兼容并持久生存下去。

② 特征及趋势。工业生态学领域开始社群化，目前已经出现了专注于物质流分析的分会和专注于生态工业发展的分会两大子群。工业生态学的理论基础和学科体系仍然比较模糊，社会物质代谢和生态工业发展成为学科的主体构成，但前者偏于还原视角，后者理论建构不足。生态工业园区、城市代谢、节能减排与气候变化等都成为工业生态学应用的热点领域。

（4）生态工业园

① 生态工业园的含义。生态工业园是建立在一块固定地域上的由制造企业和服务企业形成的企业社区。社区内的各成员单位，通过物流或能流传递等方式把不同工厂或企业连接起来，形成共享资源和互换副产品的产业共生组合，使一家工厂的废弃物或副产品成为另一家工厂的原料或能源，模拟自然系统，在产业系统中建立“生产者-消费者-分解者”的循环

途径，并通过共同管理环境事宜和经济事宜来获取更大的环境效益、经济效益和社会效益。整个企业社区能获得比单个企业通过个体行为的最优化所能获得的效益之和更大的效益。

20 世纪发展起来的工业生态学和循环经济是生态工业园的理论基础。生态工业园的目标是在最小化参与企业的环境影响的同时提高其经济效益。这类方法包括通过对园区内的基础设施和园区企业（新加入企业和原有经过改造的企业）的绿色设计、清洁生产、污染预防、能源有效使用及企业内部合作。生态工业园也要为附近的社区寻求利益以确保发展的最终结果是积极的。

生态工业园是继经济技术开发区、高新技术开发区之后中国的第三代产业园区。它与前两代的最大区别是：以生态工业理论为指导，着力于园区内生态链和生态网的建设，最大限度地提高资源利用率，从工业源头上将污染物排放量减至最低，实现区域清洁生产。与传统的“设计-生产-使用-废弃”生产方式不同，生态工业园区遵循的是“回收-再利用-设计-生产”的循环经济模式。它仿照自然生态系统物质循环方式，使不同企业之间形成共享资源和互换副产品的产业共生组合，使上游生产过程中产生的废物成为下游生产的原料，达到相互间资源的最优化配置。

生态工业园综合地运用了工业生态学和循环经济理论，把经济增长建立在环境保护的基础上，体现了人与自然和谐相处的思想，是 21 世纪经济可持续发展的一种重要模式。

② 生态工业园的建设实践。一般认为，生态工业园的雏形是工业共生体，丹麦的卡伦堡共生体就是工业共生体的成功典范。卡伦堡生态工业园是世界上最早也是最著名的生态工业园，其主体企业是发电厂、炼油厂、制药厂、石膏板生产厂。以这 4 个企业为核心，通过贸易方式利用对方生产过程中产生的废弃物和副产品，不仅减少了废物产生量和处理的费用，还产生了较好的经济效益，形成了经济发展与环境保护的良性循环。这是生态工业园发展的雏形，也是工业生态学的第一次实践。

生态工业园是我国工业园区建设的高级阶段。我国的工业园区发展经历了三个阶段，其中第一代园区内主要以劳动密集型的“三来一补”型企业为主，技术含量低；第二代园区内的企业以高新技术应用为特征；第三代园区则是生态工业园，其基本功能是解决经济、环境和社会三者协调发展的问题。

2001 年 8 月，我国第一个国家级生态工业示范园区——广西贵港国家生态工业（制糖）示范园区由国家环保总局授牌建设。之后，辽宁、江苏、山东、天津、新疆、内蒙古、浙江、广东等省（自治区、直辖市）分别开展了生态工业园区建设的试点，试点不仅覆盖制糖、造纸、化工、水泥、冶金等传统行业，也有电子、环保、汽车、生物化工等高科技行业。2012 年 5 月 24 日，国家发展改革委召开了《全国循环经济发展“十二五”规划》专家论证会，会议明确将循环经济摆到重要的位置，首次提出了资源产出率提高 15%的目标，该规划强调循环经济减量化、再利用、资源化，减量化优先的原则，指导国内循环经济发展方向。

(5) 和谐环境伦理观

环境伦理是指人对自然的伦理。它涉及人类在处理与自然之间的关系时，何者为正当、合理的行为，以及人类对于自然界负有什么样的义务等问题。学术界和社会人士提出了关于环境伦理观的各种观点。

① 生命中心主义。生命中心主义的代表人物之一 P. W. 泰勒在《尊重自然》一书中写道：采取尊重自然的态度，就是把地球自然生态系统中的野生动植物看作是具有固有价值的

东西，并认为所有形式的生命具有同等的价值，所有生命都应该受到尊重，人类不是万物的中心。

提出生命中心主义的环境伦理观，其目的是保护野生动植物，避免被人类伤害。由于人类在组成社会、进行生产和发展文化的过程中，已经具备了无与伦比的力量和优势，因此，只有从价值观上肯定野生动植物，使其也像人一样具有不可剥夺的“权利”与“价值”，才能避免人类对自然生物的进一步伤害，并使人类承担起对自然的伦理责任。

② 地球整体主义。不仅生命体具有内在的价值，包括土地、岩石、自然景观都有固有的价值和权利。环境伦理学先驱李奥波德的著作《大地伦理学》提出，“大地伦理”是指“规范人与大地以及人与依存于大地的动植物之间关系的伦理规则”，其基本主张是要将人“从大地（包括土壤、水、植物、动物等，其实是整个自然生态系统）这一共同体的征服者转变成为这一共同体的平凡一员、一个构成要素”。这一“大地伦理”的特征是将“共同体”的概念从以往伦理学所研究的人类社会共同体的关系扩展到了大地。

③ 代际均等的环境伦理观。代际均等的环境伦理观认为以人类为中心，只考虑人类各成员的均等，而将自然环境和其他生命有机体看作是人类均等义务，最终都源于人类各成员相互间应承担的义务。但是，这一伦理观不同于传统的伦理观之处，是它把人类各成员间的平等关系从“代内”扩展到“代际”，认为在享有自然资源与拥有良好的环境上，我们的子孙后代与我们当代人具有同等的权利。因此，从子孙后代的权益考虑，我们当代人应该约束自己的行为，制定对自然的道德规则与义务，使自然环境得到保护。代际均等的环境伦理观已成为可持续发展的基本原则。

4.2 生态文明建设之可持续发展原理

(1) 可持续发展

1987 年，在《我们共同的未来》报告中正式使用了“可持续发展”的概念：“既能满足当代人的需要，又不对后代人满足其需要的能力构成危害的发展”。1992 年 6 月“环境与发展大会”通过了以可持续发展为核心的《里约环境与发展宣言》和《21 世纪议程》等重要文件。1994 年 3 月，国务院第 16 次常务会议讨论通过了《中国 21 世纪议程——中国 21 世纪人口、环境与发展白皮书》，首次把可持续发展战略纳入我国经济和社会发展的长远规划。1997 年把可持续发展战略确定为我国“现代化建设中必须实施”的战略，与科教兴国战略一起被确定为中国走向 21 世纪的两大国家战略。

可持续发展包含“需要”和“限制”两层含义，需要是指世界各国人们的基本需要，应将此放在特别优先的地位来考虑；限制是指当前的技术状况和社会组织对环境满足现在和将来需要的能力施加的限制。

可持续发展理论的形成是以唯物史观为基础的，其直接目的是解决生态恶化的困境，寻求克服传统发展模式对生态环境产生负面影响的有效途径。可持续发展理论强调把环境保护作为发展进程的一个重要组成部分，作为衡量发展质量、发展水平和发展程度的客观标准之一。注重环境与经济的协调，人与自然的和谐。健康的经济发展应建立在生态可持续、社会公正和人民积极参与自身发展决策的基础上。

(2)可持续发展的原则

① 协调原则。可持续发展的目标是促使社会、经济、环境协调发展，三者相互联系，相互制约，共同组成一个整体。为了实现可持续发展，需要协调人类社会、经济行为与自然生态的关系，协调经济发展与环境的关系，协调人类的持久生存与资源长期利用的关系，努力做到经济发展与环境保护的和谐统一。

② 公平原则。可持续发展是一种机会、利益均等的发展，既包括同代内区际间的均衡发展，也包括代际间的均衡发展。地球上人类各代都处在同一生存空间，对自然资源和社会财富拥有同等享用权和生存权。发达国家或是发展中国家都应享有平等的、不容剥夺的发展权。对于发展中国家，发展更为重要，因其正经受来自贫穷和生态恶化的双重压力，贫穷导致生态恶化，生态恶化又加剧了贫穷，只有发展才能最终走向现代化和文明。

③ 持续原则。在“发展”的概念中还包含着制约因素，主要有人口数量、自然资源与环境、技术状况等。人类的经济和社会发展不能超越资源与环境的承载能力，应将当前利益与长远利益有机结合起来，促使人类赖以生存的物质基础——自然资源与环境得以持续。

④ 共同原则。可持续发展所要达到的目标是全人类的共同目标。因国情不同，实现可持续发展的具体模式不可能是唯一的，任何国家或地区，协调、公平和持续的原则是共同的，只有全人类共同努力，才能实现可持续发展的总目标。

(3)与可持续发展的关系

① 环境保护与可持续发展。环境保护与可持续发展既有联系，又不等同。环境保护是可持续发展的重要方面；可持续发展的核心是发展，但要求在严格控制人口、提高人口素质和保护环境、资源永续利用的前提下进行经济和社会的发展。环境保护是区分可持续发展与传统发展的分水岭和试金石。

环境保护可以保证可持续发展最终目的实现，因为现代的发展早已不是仅仅满足于物质和精神消费，同时把建设舒适、安全、清洁、优美的环境作为实现的重要目标。环境建设是实现发展的重要内容，不仅为发展创造出许多直接或间接的经济效益，而且可为发展保驾护航，向发展提供适宜的环境与资源。

可持续发展要求加快环境保护新技术的研制和普及解决环境危机、改变传统的生产方式以及消费方式，根本出路在发展科学技术。只有大量地使用先进科技才能使单位生产量的能耗、物耗大幅度下降，才能实现少投入、多产出的发展模式，减少对资源、能源的依赖性、减轻环境的污染负荷。为了可持续发展，环境保护应是发展进程的一个部分，不能脱离这一进程来考虑。可持续发展非常重视环境保护，把环境保护作为它积极追求实现的最基本目的之一。

可持续发展一方面要求人们在生产时要尽可能地少投入，多产出；另一方面又要求人们在消费时尽可能地多利用、少排放。因此，我们必须纠正过去那种单纯靠增强投入，加大消耗实现发展和以牺牲环境来增加产出的错误做法，从而使发展更少地依赖有限的资源，更多地与环境容量有机协调。

② 经济与可持续发展。从人类社会发展的角度看，人类要走可持续发展之路，关键是要找到一个正确的经济发展模式，经济系统的生态化是必由之路。

经济生态化，核心是经济系统向自然生态系统有选择性地学习。通过调整经济系统的结构与功能，转变和优化要素利用方式，以最大限度降低经济系统运行对资源和环境的影响，向稳态经济的最终目标迈进。

重新定位经济系统，保持经济系统索取和资源环境供给协调、经济系统废弃物排放和环境承载力协调；转变经济系统结构，改造已有产业和提高资源利用效率；通过新增“绿色”产业和创新利用方式转变经济系统功能，从“又多又快又好”到“又好又快又省”，从强调最大到强调最可持续，从物质生产到同时进行物质生产和辅助环境生产，从提供产品到提供服务。

构建循环型经济是经济系统的一个具有根本性意义，或者说是革命性意义的大变革，由于它将导致社会运行规则的改变，因此它是人类理性的回归与升华，是人类社会进步和文明演进的必然选择，更是可持续发展的工具和钥匙。

③ 社会与可持续发展。对人口资源的正确估计是可持续发展战略考虑的前提之一。要考虑人口的绝对数量与粮食问题、人口老化及养老保障、城市化带来的农业人口过剩、妇女问题和社会分工、人口素质、教育和社会结构的完善、人口信息的开发与利用及家庭结构问题。另外灾害防治和环境法制的研究也是可持续发展的重要方面。

和谐发展强调“各明其位”、“各得其所”和“各尽所能”，和谐发展的目标和指向是要实现人与人的和谐、人与社会的和谐和人与自然的和谐。人与人的和谐是要妥善协调各方利益关系，促进社会公平和正义，实现各个社会阶层群众的利益要求；人与社会的和谐是实现经济社会的和谐发展，实现人的全面发展；人与自然的和谐是注重资源的节约和有效合理利用，注重生态环境的保护，避免浪费资源、破坏资源，增强可持续发展的能力。

④ 区域可持续发展。区域可持续发展的核心就是经济增长点。增长点也叫增长极，是指某些特定的产业部门或地区在经济增长中起着特殊重要的作用和占据支撑区域的作用。首先其规模应相对地大，才能产生充分的直接效应和间接效应；其次，应当是增长最快的产业和地区；第三，应同其他产业部门之间具有高强度的投入产出关系，能够使增长效应被传递分散；第四，它应是创新的“朝阳式”产业或企业。新经济增长点的作用已被中国经济发展的实际所证实。

4.3 生态文明建设之“两山论”原理

(1)“两山论”的含义

2003 年，时任浙江省委书记的习近平同志在《求是》杂志上发表署名文章，提出“生态兴则文明兴，生态衰则文明衰”的重要论断。2005 年的 8 月 15 日，他到浙江余村进行调研后，以笔名“哲欣”在《浙江日报》头版“之江新语”栏目中发表《绿水青山也是金山银山》短评，文中指出，“我们追求人与自然的和谐，经济与社会的和谐，通俗地讲，就是既要绿水青山，又要金山银山。”习近平同志还进一步论述了绿水青山与金山银山的辩证关系，“绿水青山可带来金山银山，但金山银山却买不到绿水青山。绿水青山与金山银山既会产生矛盾，又可辩证统一。”这就是习近平同志提出的著名科学论断“绿水青山就是金山银山”，后来被称为“两山论”。

以“两山论”为基石的生态文明思想，是与马克思主义生态观一脉相承的，充分体现了马克思主义的辩证观点，是在继承马克思主义生态观的基础上，结合人类文明发展的经验教训及基于对人类文明发展意义的深邃思考而逐步形成、发展的。两山论系统剖析了经济与生态在演进过程中的相互关系，深刻揭示了经济社会发展的基本规律，是对自然发展规律、经济社会发展规律、人类文明发展规律的最新认识，是引领中国走向生态文明之路的理论之基。

(2)“两山论”的生态文明思想

党的十八大以后，习近平站在中华民族永续发展、人类文明发展的高度，明确把生态文明作为继农业、工业文明之后的新阶段，指出生态文明建设是政治，关乎人民主体地位的体现、共产党执政基础的巩固和中华民族伟大复兴的中国梦的实现。2018 年 5 月 18 日至 19 日，全国生态环境保护大会在北京召开，习近平总书记明确提出，新时代推进生态文明建设，必须坚持好六个原则，重点提出了五大任务。

① 新时代推进生态文明建设“六个原则”。

一是坚持人与自然和谐共生原则。坚持节约优先、保护优先、自然恢复为主的方针，像保护眼睛一样保护生态环境，像对待生命一样对待生态环境，让自然生态美景永驻人间，还自然以宁静、和谐、美丽。

二是绿水青山就是金山银山原则。贯彻创新、协调、绿色、开放、共享的发展理念，加快形成节约资源和保护环境的空间格局、产业结构、生产方式、生活方式，给自然生态留下休养生息的时间和空间。

三是良好生态环境是最普惠的民生福祉原则。坚持生态惠民、生态利民、生态为民，重点解决损害群众健康的突出环境问题，不断满足人民日益增长的优美生态环境需要。

四是山水林田湖草是生命共同体原则。要统筹兼顾、整体施策、多措并举，全方位、全地域、全过程开展生态文明建设。

五是用最严格制度和最严密法治保护生态环境原则。加快制度创新，强化制度执行，让制度成为刚性的约束和不可触碰的高压线。

六是共谋全球生态文明建设原则。深度参与全球环境治理，形成世界环境保护和可持续发展的解决方案，引导应对气候变化国际合作。

② 新时代推进生态文明建设“五大任务”。结合生态文明建设的“六个原则”，习近平总书记在讲话中还重点提出了五大任务：加快构建生态文明体系、全面推动绿色发展、把解决突出生态环境问题作为民生优先领域、有效防范生态环境风险、提高环境治理水平。

“六个原则”和“五大任务”，是对习近平生态文明思想的一次比较完整的表述，而“两山论”作为“六个原则”之一，成为习近平生态文明思想完整理论体系的核心蕴含和重要支撑。

③ 新时代推进生态文明建设“四个一”。2019 年 3 月 5 日下午，习近平总书记在参加十三届全国人大二次会议内蒙古代表团审议时提出加强生态文明建设的“四个一”：在“五位一体”总体布局中，生态文明建设是其中一位；在新时代坚持和发展中国特色社会主义基本方略中，坚持人与自然和谐共生是其中一条基本方略；在新发展理念中，绿色是其中一大理念；在三大攻坚战中，污染防治是其中一大攻坚战。

这“四个一”体现了我们党对生态文明建设规律的把握，体现了生态文明建设在新时代党和国家事业发展中的地位，体现了党对建设生态文明的部署和要求。

美丽中国是人民群众共同参与、共同建设、共同享有的事业。必须加强生态文明宣传教育，牢固树立生态文明价值观念和行为准则，把建设美丽中国化为全民自觉行动。

生态文明建设是构建人类命运共同体的重要内容。必须同舟共济、共同努力，构筑尊崇自然、绿色发展的生态体系，推动全球生态环境治理，建设清洁美丽世界。

习近平生态文明思想为推进美丽中国建设、实现人与自然和谐共生的现代化提供了方向指引和根本遵循，必须用以武装头脑、指导实践、推动工作。

4.4 生态文明建设之环境经济学原理

(1) 环境经济学

① 环境经济学的含义。环境经济学，是研究合理调节人与自然之间的物质变换，使社会经济活动符合自然生态平衡和物质循环规律，不仅能取得近期的直接效果，又能取得远期的间接效果。建立可持续发展的经济体系、社会体系和保持与之相适应的可持续利用的资源和环境基础，是环境经济学研究的主要任务。

② 环境经济学的研究内容。

a. 环境经济学的基本理论。包括社会体制、经济与环境的相互作用关系以及环境价值量的理论和方法等。当人类活动排放的废弃物超过环境容量时，为保证环境质量必须投入大量的物化劳动，这部分劳动已愈来愈成为社会生产中的必要劳动。为了保障环境资源的持续利用，也必须改变对环境资源无偿使用的状况，对环境资源进行计量，实行有偿使用，使社会不经济性内在化，使经济活动的环境效应能以经济信息的形式反馈到国民经济核算体系中，保证经济决策既考虑直接的近期效果，又考虑间接的长远效果，促进经济发展符合自然生态规律的要求。

b. 社会生产力的合理组织。环境污染和生态失调，很大程度上是对自然资源不合理的开发和利用造成的。合理开发和利用资源，合理规划和组织社会生产力，是保护环境最根本、最有效的措施。为此必须以生态文明思想为指导，改变单纯以 GDP 衡量经济发展成就的传统方法，把环境质量的改善作为经济发展成就的重要内容，使生产和消费的决策同生态环境的要求协调一致；要研究把环境保护纳入经济发展计划的方法，以保证基本生产部门和污染预防和防治的部门按比例地协调发展；要研究生产布局和环境保护的关系，按照经济观点和生态观点相统一的原则，拟定各类资源开发利用方案，确定国家或地区的产业结构，以及社会生产力的合理布局。

c. 环境保护的经济效果。包括环境污染、生态失调的经济损失估价的理论和方法，各种生产生活废弃物最优治理和利用途径的经济选择，区域环境污染综合防治优化方案的经济分析，各种污染物排放标准确定的经济准则，各类环境经济数学模型的建立等。

d. 运用经济手段进行环境管理。经济手段通过税收、财政、信贷等经济杠杆，调节经济活动与环境保护之间的关系、污染者与受污染者之间的关系，促使企业和个人的生产与消费方式符合可持续发展的需要。当前，更应加强对市场经济条件下环境经济政策的研究，实施适合中国国情的环境税收制度、资源有偿使用制度和资源定价政策，依靠价值规律和供求关系来强化环境规划与管理工作的有效开展。

(2) 环境经济学的基本理论

① 经济效率理论。意大利社会学家、经济学家帕累托（Vilfredo Pareto）在20世纪初从经济学理论出发探讨了资源配置效率问题，提出了著名的“帕累托最适度”理论。经济效率理论认为，经济效率应该是社会经济效率，既不是传统生产力理论中的“产出最大化”，也不是传统消费者理论中的“效用最大化”，而应寻求个人、集体和社会之间经济效率的协调与统一。

② 外部性理论。外部性可以分为正外部性（或称外部经济、正外部经济效应）和负外部性（或称外部不经济、负外部经济效应）。

外部性理论认为，在没有市场力的作用下，外部性表现为财经独立的两个经济单位（如公司和消费者）的相互作用，某个经济主体对另一个经济主体产生一种外部影响，而这种外部影响又不能通过市场价格进行买卖。应用一般均衡分析法，分析环境问题产生的经济根源，即生产和消费的外部性和它的影响范围，提出解决环境污染这个外部不经济性问题的各种方法。

③ 物质平衡理论。20世纪70年代初期，柯尼斯、艾瑞斯和德阿芝依据热力学第一定律的物质平衡关系，对传统的经济系统做了重新划分，并提出了著名的物质平衡模型，分析了包括环境要素在内的投入产出关系，首次从环境经济学的角度指出了环境污染的实质。

一个现代经济系统由物质加工、能量转换、污染物处理和最终消费四个部门（或部分）组成。在这四个部门之间及由这四个部门组成的经济系统与自然环境之间，存在着物质流动关系。这个经济系统是封闭的，没有物质净积累，在一个时间段内，从经济系统排入自然环境的污染物的物质量必须大致等于从自然环境进入经济系统的物质量。为了使人类经济步入可持续发展的轨道，减少经济系统对自然环境的污染，最根本的办法是提高物质及其能量的利用效率和循环使用率，减少自然资源的开采量和使用量，从而降低污染物的排放量。循环经济的提出和发展，正是物质平衡理论在可持续条件下的实践。

④ 自然环境价值理论。约翰·克鲁梯拉在1967年9月提出了“舒适型资源的经济价值理论”。在此之前，许多环境经济学家虽然已经研究过自然资源的合理利用问题，但主要是关于适度的开发速度和开发规模，实现资源可持续利用的最优配置。涉及的主要内容是可耗竭资源中的矿产资源（例如：石油、煤矿、金属矿等），又称为“采掘型资源”。但对于一些稀有的生物物种、珍奇的自然景观、重要的生态环境系统，却缺乏必要的研究。克鲁梯拉把这类资源称为“舒适型资源”，并认为出于科学研究、生物多样性保护和不确定性等原因，保护好舒适性资源，或者将这类资源的使用严格限制在可再生的限度之内是十分必要的。舒适型资源所具有的性质表明，对这类资源的损坏是单向的，被破坏就意味着永远丧失。这就是舒适型资源破坏的不可逆性，也是舒适型资源概念的核心。

供人直接或间接利用舒适型资源获得的经济收益是舒适型资源的“使用价值”；当代人为了保证后代人能够利用资源而做出的支付和后代人因此而获得收益，是舒适型资源的“选择价值”；人类不是出于任何功利的考虑，只是为了资源的存在而表现出的支付意愿是舒适型资源的“存在价值”，这一理论最重要的贡献在于为定量评价舒适型资源的经济价值奠定了坚实的理论基础。

⑤ 排污权交易理论。1960年，美国芝加哥大学的经济学家科斯发表了论文《社会成本

问题》，提出了著名的科斯定理，即“在设计和选择社会格局时，我们应当考虑总的效果”“关键在避免较严重的损害”。著名经济学家戴尔斯提出的排污权交易理论就是在科斯定理的基础上发展起来的。

排污权交易理论认为，环境资源是一种商品，政府拥有所有权，政府可以在专家帮助下组织实施排污权交易，通过市场竞争机制，促使外部性内部化，达到避免较严重的损害的目的。也就是政府有效地使用其对环境资源这个特殊商品的产权，使市场机制在环境资源优化配置和外部性内部化问题上发挥最佳作用。

4.5 生态文明建设之系统论原理

(1) 系统及其特征

① 系统及系统工程。系统是指部分或元素的组合，其共同展现出了“单个组成部分不具有的行为或意义”。这里的“单个组成部分不具有的行为或意义”是系统的本质特征，并不是把多个部分或元素组合在一起都能称作系统，而是这些元素之间必须通过交互与协作能形成新的能力，因此系统定义应该包含三个部分，组成元素、交互关系与新的行为或意义。

系统工程是以系统为研究对象，把所要研究和管理的事物当成系统，从系统的整体性观点出发，对系统进行最优规划、最优管理、最优控制，以达到最优系统目标的一门综合性组织管理技术，是一门多学科、多方法的边缘科学。

② 系统的特征。

a. 系统的整体原理。系统是由相互联系的各个部分（或称为要素或子系统）构成的。相互联系的各个部分一旦组成系统整体，就具有独立部分所不具有的性质和功能。这种系统所表现出的整体的性质和功能不等于各个要素的性质和功能的简单加和，就是整体原理。

正确认识部分与整体的关系，部分是整体中的部分，如果将部分从系统整体中割离出来，它将失去部分的作用，整体性观念是系统论的核心思想。亚里士多德提出“整体大于部分之和”，多出来的部分是各部分之间因为某种关系状态形成的特定结构所产生的功能。

管理的核心职能就是要创造出组织结构功能最大化。协调能力是管理者的基本能力，要求个人利益服从集体利益、部门利益服从组织整体利益、组织的一切行为要服从于组织目标的实现。为了确保整体功能最优，有时候不得不牺牲或限制某些部分的功能。

b. 系统的反馈原理。反馈是控制系统把信息传送出去，再把其作用结果发送回来，并对信息的再输出发生影响，起到控制作用，以达到既定的目标。反馈的基本要求包括信息的全面性、信息的真实性和信息的及时性，缺一不可。

控制是管理的五大职能之一，控制的任务是采取行动纠正与计划或预期不符合的各种偏差，从而确保计划的成功。反馈就是发现偏离计划的偏差，是控制的前提。控制包括开环控制、前馈控制和反馈控制，控制点越向前，则控制水平越高，对反馈的要求也越高。

管理的金科玉律是没有控制就没有管理、没有反馈就没有控制、没有反馈就没有管理。由反馈原理引申出管理的闭环原理：有命令必有执行、有执行必有监督、有监督必有反馈、有反馈方可控制。控制就是通过监督、反馈发现执行偏差并予以纠正的过程。

c. 系统的有序原理。有序即一个系统由较低级结构转化为较高级结构的过程，反之即是无序。任何一个系统都不是孤立的，都有一个特定的外部环境。只有系统与外部保持畅通的信息、物质和能量的交流，系统才能有序。反之封闭的、不与外界交流的系统必然是无序的系统。

d. 系统的层级原理。管理系统是一个具有不同层次、不同能级的复杂系统，在这样的系统中，每个要素或子系统根据本身能量大小而处于不同的地位，以此来保证系统结构的稳定性和有效性。系统要求等级分明、分工明确、各守其位、各司其职。

(2) 系统论的基本原则

在一个组织当中，它的每个要素的性质或行为都会影响整个组织的性质和行为，这是因为组织内的各要素是相互联系、相互作用、相互影响的，而且组织作为一个整体是由各要素的有机结合而构成的。因此在进行环境规划与管理时，就要考虑各要素之间的相互关系，考虑每个要素的变化对其他要素和整个组织的影响。

① 系统的整分合原则。整分合原则，是指管理者在进行环境规划与管理活动时，必须从系统原理出发，把规划与管理过程当成一个系统，并把这个系统放在动态的社会环境和自然环境中去考察和分析。

管理活动的进行，第一步是所谓的系统管理的整体设计，即“整”，要注意从系统整体出发，分析系统的性质、功能和结构，确定系统的整体目标，对组织运行及整体目标进行整体规划、整体设计和整体优化；第二步是在整体设计基础上，对整体任务和整体目标进行分解和落实，即所谓的“分”，围绕系统的整体目标，对各子系统管理活动及运行活动进行目标分解、任务分工和职责安排，形成管理工作分工体系和纵横交错的管理组织机构；第三步是在分解和落实总任务总目标的基础上进行整体协作和整体综合，即所谓的“合”，要根据系统的整体规划和整体目标的特点和要求，对系统中各部门各环节的分散的管理活动进行系统协调和综合，加强与部门各环节工作之间的联系和协作，依靠“公众参与”的力量完成系统的总任务和总目标。

整分合的目的，主要为了实现高效率管理，在整体规划框架下分工明确，并进行有效的综合。整体是前提，分工是关键，综合是保证。没有整体目标的指导，分工就会盲目而混乱；离开分工，整体目标就难以高效实现。如果只有分工，而无综合或协作，那么也就无法避免和解决分工带来的分工各环节的脱节及横向协作的困难。管理必须有分有合，先分后合，这是整分合原则的基本要求。

我国在实施污染物排放总量控制规划中，首先从整体高度确定国家环境目标，提出实现该目标应控制的污染物总量；其次将编制的全国污染物排放总量控制计划中的主要污染物排放量指标分解到各省、自治区、直辖市，逐级分解下达，形成逐级实施总量控制计划管理体系；再次，在各级实施总量控制计划过程中，推行“环保目标责任制”、“污染物排放许可证制度”和“城市环境综合整治定量考核制度”等发挥各部门综合积极性的制度措施，以各子系统目标的实现来保证全国总量控制整体目标的实施。

② 系统的相对封闭的原则。相对封闭原则是由系统中各要素相互联系、相互制约的性质和特点导出的管理原则。

现代管理活动的对象，一方面是独立性很强的组织系统，有着内部相对稳定的结构，内部流通，形成内部的运动环流；另一方面又和外部环境有着广泛、经常的纵向、横向交换和联系，与外界环境存在物质、能量、信息的交换。系统相应地具有内部封闭性和对外的开放性。

现代管理活动的目的，是实现系统的目标，而目标的实现必须动用一定手段、消耗一定的资源。要达到组织系统的整体目标，必须把系统中具有不同特点和不同利益的各组成部分组织起来，形成一定定向的协作力。同时还必须有一种保证系统及各组成部分的运动朝着既定方向运动的约束机制。

管理活动本身就是一种各因素、各环节相互影响、相互制约、环环相扣的链式循环过程。无论是决策活动还是信息活动，都必须构成一个连续封闭的回路。现代管理，必须在对外开放的前提下，对内采取封闭性的管理，使得内部各个环节、部分有序衔接、首尾相连、形成环路，从而构成一个完整无缺、有去有回、有进有出的过程环流，使各部分连为一体，相互联系，相互促进，以完成整体目标。这就是现代管理的相对封闭原则。

相对封闭原则反映了管理系统及管理活动的相对独立性、组织活动的目的性和为实现目标的综合性手段。相对封闭原则的实施，就是强调管理过程中管理活动及各管理机构相互制约和相互促进的机制。管理活动本身是一种客观上环环相扣的循环过程和各因素各环节相互作用、相互制约的统一体。

根据管理的相对封闭和相对独立的原则和环境管理的特点，应加强我国管理体制和机构的改革，改变行业和地方条块分散、狭窄的管理体制，通过进一步健全环保法制，实行条块结合，促进经济发展与环境保护的协调。

③ 管理的弹性原则。弹性原则是基于系统的动态性及与外界关系发展变化的复杂多变性而提出的管理原则，是指管理者要在对系统与外界联系进行深入研究的基础上，结合系统内部结构功能的特点，对影响系统运行的各种因素进行科学分析和预测，在充分了解系统所有可能发展前景的情况下，对制订的决策目标、计划、战略都留有充分的余地，以增强管理系统的应变能力。

人类-环境系统是一个由多种因素构成的复杂系统，现代科学技术突飞猛进，社会生产力极大提高，经济规模空前扩大，导致全球性资源短缺、环境污染和生态恶化。这种外界环境的动态性和不确定性给管理系统带来了风险，增大了管理者进行预测、决策、规划以及控制的难度。因此，环境管理者要根据弹性原则，在管理决策和方案制订时应按照一定的科学程序，使用一定的科学方法，使其制订的方案能适应未来的变化，具有一定弹性和应变能力。

④ 管理的反馈原则。管理的反馈原则，是指管理者为保证及时、高效、准确地完成组织计划任务和目标，必须及时了解系统外部环境的变化及系统自身活动的进展，准确地掌握系统环境变化和系统状态的变化，一旦发现系统状态及输出结果与原定计划方案和目标有较大的偏离，就马上采取纠偏行动来控制系统的活动，使系统的运行状态和输出结果与原定计划目标尽可能保持一致，确保环境目标的实现。

管理的反馈原则是基于管理系统中信息反馈和反馈控制在实现管理系统目标中的重要作用而提出的管理原则。管理的反馈控制保证了决策管理系统制订的决策、任务和目标的按计划完成，是现代环境管理的不可缺少的组成部分。当前，应着重抓好以下两方面的工作：

a. 建立功能齐全的环境管理信息系统。管理系统所需的信息，主要来自系统中的信息反馈机构。管理信息是否及时、准确、齐全，对管理决策和管理控制具有决定性的影响。随着经济与社会的发展，现代环境管理中涉及的因素越来越多，问题也越来越复杂，需要的信息量也越来越大。因此，管理系统中必须建立功能齐全、强劲有力的信息反馈机构，形成良好的信息反馈机制。

b. 根据反馈的信息进行适时有效的控制。管理反馈原则的核心是要求管理决策机构根据反馈信息对受控对象进行适时有效的控制。信息反馈只是提供了受控系统的运行状况和输出结果的状态，而要真正实现管理目标，必须靠管理决策系统根据反馈信息制订出指令实行纠偏。控制的目的是纠偏，而纠偏必须及时和有效。例如，加强统计工作对环境的监督作用，实行统计监督；加强环境统计分析工作，为管理决策和纠偏控制提供系统性的统计资料；加强环境监理工作，及时发现和处理系统运行过程中的反馈信息等。

4.6 生态文明建设之管理二重性原理

(1) 管理二重性

管理作为一种社会活动，必然有其质的规定性。管理理论、管理方法和管理思想，都是由管理的本质决定的。管理的本质具有二重性，它既有同生产力、社会化大生产相联系的自然属性，又有同生产关系、社会制度相联系的社会属性。

① 管理的自然属性。管理的自然属性，就是管理的技术性，技术性是管理本质的一个重要方面。这方面的内容在思想、观念、理论上的反映，便可归结为自然科学技术的管理学理论和方法，如管理工艺学、管理数学、管理工程学等。这些技术性的理论和方法与社会制度、生产关系也是没有直接联系的。

管理的自然属性表明，管理之所以必要，是由劳动的社会化和生产力发展水平所决定的。管理是分工协作的共同劳动得以顺利进行的必要条件。共同劳动规模越大，劳动的社会化程度越高，管理也就越重要。而且，管理在社会劳动中还具有特殊的作用，即只有通过管理才能把实现劳动过程所必需的各种要素结合成有机体，使各种生产要素发挥各自的作用。这些由自然属性所决定的管理功能与社会制度、生产关系没有直接联系。

为了保证社会化大生产能够持续稳定地进行，就要按照社会化大生产的要求，合理地进行计划、组织、领导和控制，最有效地利用人力、物力和财力资源，提高经济效益。管理是生产力的要素之一，不进行有效的管理，生产就无法顺利地进行，更谈不上发展。

② 管理的社会属性。管理的社会属性是与生产关系、社会制度的性质紧密相关的。管理作为一种社会活动，必须且只能在一定的社会历史条件下和一定的社会关系中进行，因而也必然采取一定的社会组织形式来执行管理的职能。

在管理学中还包括另一部分内容，诸如组织目标、组织道德、领导作风、激励方式、管理理念、人际关系、群体价值观、组织文化等，主要是对人的管理，具有较强的意识形态色彩，属于生产关系和社会关系的范畴。这些内容，与民族文化传统、社会制度、地方风俗、组织传统、社会风尚等密切相关，因此在不同国家、不同民族、不同社会制度之间的借鉴和交流较为复杂，不可直接照搬。

③ 自然属性和社会属性的关系。管理的二重性是相互联系、相互制约的。一方面，管理的自然属性不可能孤立存在，总是在一定的社会制度和生产关系条件下发挥作用，而管理的社会属性也不可能脱离管理的自然属性而存在，否则管理的社会属性就会成为没有内容的形式；另一方面，两者又是相互制约的。管理的自然属性要求具有一定的“社会属性”的组

织形式和生产关系与其适应。同样，管理的社会属性也必然对管理的科学技术等方面发生影响或制约作用。

管理的自然属性和社会属性是两位一体的，不能把它们截然分开。我国的许多学者把管理的自然属性称为管理的一般职能，把管理的社会属性称为管理的特殊职能，而把管理的各项基本工作称为管理的基本职能。按照这种含义，管理的一般职能与管理的特殊职能总是结合在一起的，在管理的基本职能中体现出来，并一起发挥作用。就像一辆车的两个轮子，两个轮子一起转动，车辆才能前进。这种两位一体的关系，如图 4-1 所示。

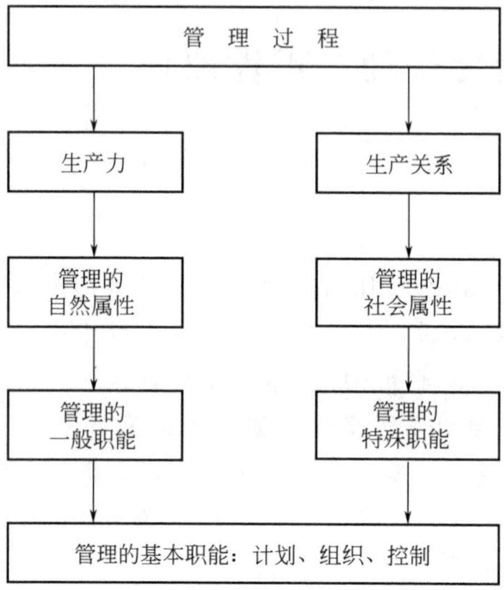

图 4-1 管理二重性关系示意图

（2）对环境规划与管理的启发

根据管理的二重性学说，环境规划与管理应从基本国情出发，坚持改革开放，改革经济体制和社会体制，建立可持续发展的经济体系、社会体系、政策体系、法律体系，建立促进可持续发展的综合决策机制和协调经营机制，加强同国际社会的经济、科学和技术交流与合作，吸取适合中国国情的先进适用技术和经验。

我们要正确认识管理的二重性，一方面要学习、借鉴发达国家先进的管理经验和方法，以便迅速地提高我国的管理水平；另一方面又要考虑我们自己的国情，建立具有中国特色的环境规划与管理体系，实现经济发展与环境保护的双赢。

习题

在线习题

1. 简述可持续发展的含义和原则。
2. 简述“两山论”的含义，阐述新时代推进生态文明建设的六大原则。
3. 简述环境经济学的基本理论内容。
4. 简述系统的特征。
5. 简述环境规划与管理的基本原则。
6. 简述管理二重性的内涵。
7. 简述我国环境规划与管理机构发展变革。

第 5 章
环境规划与管理的技术与方法

5.1 环境监测技术

5.1.1 环境监测的含义

环境监测，是指通过对影响环境质量因素数值的测定，确定环境质量（或污染程度）及其变化趋势。环境监测一般包括化学监测、物理监测、生物监测和生态监测。

环境监测的过程一般为接受任务，现场调查和收集资料，监测计划设计，优化布点，样品采集，样品运输和保存，样品预处理，分析测试，数据处理，综合评价等。

环境监测的对象：自然因素、人为因素、污染组分。

环境监测的发展经历三个阶段：

① 典型污染事故调查监测发展阶段或被动监测阶段；

② 污染源监督性监测发展阶段或主动监测、目的监测阶段；

③ 以环境质量监测为主的发展阶段或自动监测阶段。

环境监测的发展趋势由经典的化学分析向仪器分析发展，由手工操作向连续自动化迈进，由微量分析（0.01%～1%）向痕量（<0.01%）、超痕量发展，由污染物成分分析发展到化学形态分析、仪器的联合使用和电子计算机化。

5.1.2 环境监测的目的

环境监测的目的是准确、及时、全面地反映环境质量现状及发展趋势，为环境管理、污染源控制、环境规划等提供科学依据。具体归纳为：

① 根据环境质量标准评价环境质量；

② 根据污染分布情况，追踪寻找污染源，为实现监督管理、控制污染提供依据；

③ 收集本底数据，积累长期监测资料，为研究环境容量、实施总量控制和目标管理、预测预报环境质量提供数据；

④ 为保护人类健康、保护环境，合理使用自然资源，制定环境法规、标准、规划等服务。

5.1.3 环境监测的类别

（1）按监测目的或监测任务划分

① 监视性监测（例行监测、常规监测）。包括对污染源的监测和环境质量监测，以确定环境质量及污染源状况，评价控制措施的效果、衡量环境标准实施情况和环境保护工作的进展。这是监测工作中量最大面最广的工作。

② 特定目的监测（特例监测、应急监测）。

a. 污染事故监测。在发生污染事故时及时深入事故地点进行应急监测，确定污染物的种类、扩散方向、速度和污染程度及危害范围，查找污染发生的原因，为控制污染事故提供科学依据。这类监测常采用流动监测（车、船等）、简易监测、低空航测、遥感等手段。

b. 纠纷仲裁监测。主要针对污染事故纠纷、环境执法过程中所产生的矛盾进行监测，提供公证数据。

c. 考核验证监测。包括人员考核、方法验证、新建项目的环境考核评价、排污许可证制度考核监测、“三同时”项目验收监测、污染治理项目竣工时的验收监测。

d. 咨询服务监测。为政府部门、科研机构、生产单位所提供的服务性监测。为国家政府部门制定环境保护法规、标准、规划提供基础数据和手段。如建设新企业应进行环境影响评价，需要按评价要求进行监测。

③ 研究性监测（科研监测）。针对特定目的科学研究而进行的高层次监测，是通过监测了解污染机理、弄清污染物的迁移变化规律、研究环境受到污染的程度，例如环境本底的监测及研究、有毒有害物质对从业人员的影响研究、为监测工作本身服务的科研工作的监测（如统一方法和标准分析方法的研究、标准物质研制、预防监测）等。这类研究往往要求多学科合作进行。

（2）按监测介质或对象分类

可分为水质监测、空气监测、土壤监测、固体废物监测、生物监测、噪声和振动监测、电磁辐射监测、放射性监测、热监测、光监测、卫生监测（病原体、病毒、寄生虫等）等。

(3) 按专业部门分类

可分为：气象监测、卫生监测、资源监测等。

此外，又可分为：化学监测、物理监测、生物监测等。

(4) 按监测区域分类

可分为：厂区监测和区域监测。

5.1.4 环境监测的特点

(1) 环境监测的综合性

① 监测手段包括化学、物理、生物、物理化学、生物化学及生物物理等一切可以表征环境质量的方法。

② 监测对象包括空气、水体、土壤、固体废物、生物等客体。

③ 对监测数据进行统计处理、综合分析时，涉及该地区的自然和社会各个方面的情况，必须综合考虑。

(2) 环境监测的连续性

由于环境污染具有时空性等特点，只有坚持长期测定，才能从大量的数据中揭示其变化规律。

(3) 环境监测的追踪性

为保证监测结果具有一定的准确性、可比性、代表性和完整性，需要有一个量值追踪体系予以监督。

5.2 环境规划与管理的相关方法

5.2.1 调查的方法

环境现状调查与评价的目的是掌握和了解某区域环境现状，发现和识别主要环境问题，从而确定主要污染源和主要污染物，为环境规划与管理的制订和实施创造条件。

环境现状调查要从信息情报的收集和分析入手，针对列出的调查清单逐项调查，发现问题并逐步深入，可以包括必要的现场监测、勘察以及征询专家意见等。环境评价包括自然环境评价、经济和社会评价、污染评价。

(1) 环境现状调查内容

环境现状调查的项目主要包括环境特征调查、生态调查、污染源调查、环境质量调查、环境治理措施效果调查以及环境管理现状调查等，各调查项目的主要内容见表 5-1。

表 5-1 环境现状调查项目的主要内容

调查项目	调查内容
环境特征调查	自然环境特征、社会环境特征、经济社会发展规划和环境污染因素调查
生态调查	环境自净能力、土地开发利用情况、气象条件、绿地覆盖率、人口密度、经济密度、建设密度、能耗密度调查等
污染源调查	工业污染源、农业污染源、生活污染源、交通运输污染源、噪声污染源、放射性和电磁辐射污染源调查等
环境质量调查	环境保护部门及工厂企业历年的环境质量报告和环境监测资料
环保措施效果调查	环保设施运行率、达标率和环保措施削减污染物效果以及其综合效益
环境管理现状调查	环境管理机构、环境保护工作人员业务素质、环境政策法规实施和环境监督实施情况等

环境现状调查的内容也可以包括以下内容：

① 地理位置调查。项目所处的经度、纬度，行政区位置和交通位置，并附区域平面图。

② 地质环境调查。一般情况下，只需根据现有资料，概要说明当地的地质状况，如当地地层概况，地壳构造的基本形式（如岩层、断层及断裂等）以及与其相应的地貌表现，物理与化学风化情况，当地已探明或已开采的矿产资源情况。若项目规模较小且与地质条件无关时，地质环境现状可不叙述。

调查生态影响类项目情况如矿山以及其他与地质条件密切相关的项目的环境影响时：a. 对与项目有直接关系的地质构造，如断层、断裂、坍塌、地面沉陷等不良地质构造，要进行较为详细的叙述。b. 对一些特别有危害的地质现象，如地震，也须加以说明，必要时，应附图辅助说明。若没有现成的地质资料，应根据评价要求做一定的现场调查。

③ 地形地貌调查。一般情况下，只需根据现有资料，简要说明项目所在地区海拔高度，地形特征、相对高差的起伏状况：周围的地貌类型如山地、平原、沟谷、丘陵、海岸等以及岩溶地貌、冰川地貌、风成地貌等情况；崩塌、滑坡、泥石流、冻土等有危害的地貌现象及分布情况；若不直接或间接威胁到项目时，可概要说明其发展情况。若无可查资料，需做一些简单的现场调查。

当地形地貌与项目密切相关时，除应比较详细地叙述上述全部或部分内容外，还应附项目周围地区的地形图，特别应详细说明可能直接对项目有危害或将被项目诱发的地貌现象的现状及发展趋势，必要时还应进行一定的现场调查。

④ 地面水环境调查。应根据现有资料，概要说明地面水状况，如：水系分布、水文特征、极端水情；地面水资源的分布及利用情况，主要取水口分布，地面水各部分如河、湖、库之间及其与河口、海湾、地下水的联系，地面水的水文特征及水质现状以及地面水的污染来源等。

如果项目建在海边时，应根据现有资料概要说明海湾环境状况，如：海洋资源及利用情况，海湾的地理概况，海湾与当地地面水及地下水之间的联系，海湾的水文特征及水质现状，污染来源等。如需进行项目的地面水或海湾环境影响评价，除应详细叙述上面的部分或全部内容外，还应增加水文、水质调查、水文测量及水利用状况调查等有关内容。

地面水和海湾的环境质量，以确定的地面水环境质量标准或海水水质标准限值为基准，采用单因子指数法对选定的评价因子分别进行评价。

⑤ 地下水环境调查。根据相关资料调查下列内容：地下水资源的赋存及开采利用情况；地下潜水埋深或地下水水位；地下水与地面水的联系；地下水水质状况与污染来源。

若需进行地下水环境影响评价，除要比较详细地叙述上述内容外，还应根据需要，对水质的物理、化学特性，污染源情况，水的储量与运动状态，水质的演变与趋势，水文地质方面的蓄水层特性，承压水状况，地下水开发利用现状与采补平衡分析，水源地及其保护区的划分，地下水开发利用规划等做进一步调查，若资料不足时应进行现场监测和采样分析。

地下水环境质量，以确定的地下水质量标准限值为基准，采用单因子指数法对选定的评价因子分别进行评价。

⑥ 大气环境调查。应根据相关资料说明项目周围地区大气环境中主要的污染物、污染来源及其污染物质、大气环境质量现状等。如需进行项目的大气环境影响评价，应对上述部分或全部内容进行详细调查。

对于大气环境质量现状调查，应收集评价区内及其界外区各例行大气环境监测点的近三年监测资料，统计分析各点主要污染物的浓度值、超标量、变化趋势等。同时根据项目特点、大气环境特征、大气功能区类别及评价等级，在评价区内按以环境功能区为主兼顾均布性的原则布点，开展现场监测工作。

大气环境质量，以确定的环境空气质量标准限值为基准，采用单因子指数法对选定的评价因子分别进行评价。

⑦ 土壤与水土流失调查。可根据现有资料简述项目周围地区的主要土壤类型及其分布，成土母质，土壤层厚度、肥力与使用情况，土壤污染的主要来源及其质量现状，项目周围地区的水土流失现状及原因等。当需要进行土壤环境影响评价时，除应详细叙述上面的部分或全部内容外，还应根据需要选择以下内容进一步调查：土壤的物理、化学性质，土壤成分与结构，颗粒度、土壤容重、含水率与持水能力，土壤一次、二次污染状况，水土流失的原因、特点、面积、侵蚀模数元素及流失量等，同时要附土壤和水土流失现状图。

⑧ 生态调查。应根据相关资料说明项目周围地区的植被情况如类型、主要组成、覆盖度、生长情况等，有无国家重点保护的或稀有的、特有的、受威胁危害的或作为资源的野生动植物，当地的主要生态系统类型如森林、草原、沼泽、荒漠、湿地、水域、海洋、农业、城市生态等。

若项目规模较小，又不进行生态影响评价时，这一部分可不叙述。若项目规模较大，需要进行生态影响评价时，除应详细叙述上面的部分或全部内容外，还应根据需要选择以下内容进一步调查：生态系统的生产力、物质循环状况、生态系统与周围环境的关系、影响生态系统的主要因素、重要生态环境情况、主要动植物分布、重要生境、生态功能区、生态环境敏感目标等。

⑨ 声环境调查。需确定声环境现状调查的范围、监测布点与污染源调查工作，如现有噪声源种类、数量及相应的噪声级，现有噪声敏感目标、噪声功能区划分情况，各声环境功能区的环境噪声现状、超标情况、边界噪声超标以及受噪声影响的人口分布。

应根据噪声评价工作等级相应的要求确定是采用收集资料法还是现场调查和测量法，或是两种方法相结合。如果需要，应选择有代表性点位进行现场监测。

⑩ 社会经济调查。社会经济包括社会、经济、人口、工业与能源、农业与土地利用、交通运输等。主要根据相关资料结合必要的现场调查，简要叙述：a. 项目周围地区现有厂矿企业的分布状况，工业生产总产值及能源的供给与消耗方式等；b. 公路、铁路或水路、航空方面的交通运输概况以及与项目之间的关系；c. 居民区的分布情况及分布特点，人口数量、人口密度、受教育水平、就业及人均收入等；d. 可耕地面积，粮食作物与经济作物

构成及产量，农业总产值以及土地利用现状，基本农田保护区分布，人均土地资源，农业基础设施等。

若项目需进行土壤与生态环境影响评价，则应附土地利用图。当项目规模较大，且拟排污染物毒性较大或项目建设周期长、影响区域较广时，应进行一定的人群健康调查。调查时，应根据环境中现有污染物及项目将排放的污染物的特性选定相应评价指标。生态影响类项目如水利水电工程，需进行人群健康调查及影响评价。

⑪ 人文遗迹、自然遗迹与“珍贵”景观调查。人文遗迹指遗存在地面社会上或埋藏在地下的历史文化遗物，一般包括具有纪念意义和历史价值的建筑物、纪念物或具有历史、艺术、科学价值的古文化遗址、古长城、古墓葬、古建筑、石窟、寺庙、石刻等。自然遗迹指自然形成的具有地质学、地理学、生态学意义的遗存物，如温泉、洞穴、火山口、古化石、贝壳堤、特殊地貌等。“珍贵”景观一般指具有生态学和美学及社会文化珍贵价值、必须保护的特定的地理区域或景物现象，如自然保护区、风景名胜游览区、疗养区、珍贵自然景观、奇特地貌景观、温泉以及重要的具有政治文化、纪念意义的建筑、设施和遗址等。需根据现有资料，概要说明项目周围有哪些人文遗迹、自然遗迹与“珍贵”景观；人文遗迹、自然遗迹或“珍贵”景观对于项目的相对位置和距离，其基本情况以及国家或当地政府的保护政策和规定等。

如项目需进行人文遗迹、自然遗迹或“珍贵”景观的影响评价，则除应较详细地叙述上述内容外，还应根据现有资料并结合必要的现场调查，进一步叙述人文遗迹、自然遗迹或“珍贵”景观对人类活动的敏感性。

⑫ 人群健康状况调查。当项目规模较大，且拟排污染物毒性较大时，应进行一定的人群健康调查。调查时，应根据环境中现有污染物及项目将排放的污染物的特性选定指标。

⑬ 其他调查。根据当地环境情况及项目特点，决定放射性、光与电磁辐射、振动、地面下沉及其他项目等是否列入调查。

(2) 环境现状调查的方法

环境现状调查的方法主要有三种：收集资料法、现场调查法和遥感的方法，见表 5-2。

表 5-2 环境现状调查的方法

方法	内容	缺点
收集资料法	收集现有的各种有关资料	只能获得第二手资料，往往不全面
现场调查法	针对使用者的需要，直接获得第一手数据和资料，弥补收集资料法的不足	工作量大，需占用较多的人力、物力和时间，有时还受季节、仪器设备条件的限制
遥感的方法	可从整体上了解一个区域的环境特征，弄清无法到达地区的环境情况	不宜用于微观环境状况的调查，常用于辅助性调查

5.2.2 评价的方法

在环境规划中，环境评价的主要内容包括自然环境、社会经济以及环境质量等三个方面。评价是对被评价对象的优劣、好坏作定量或定性的描述，一般以定量描述为主。

(1) 环境评价的主要内容

① 自然环境评价。通过自然、社会、经济背景分析及社会、经济与环境的相关分析，确定当前主要环境问题及其产生的原因，并确定环境区划和评估环境的承载能力。

② 社会经济评价。评价区域的社会经济活动与环境规划有着密切的关系，其中影响最大的是人口、经济活动和城市基础设施三大方面，见表 5-3。

表 5-3 社会经济评价的主要内容

项目	内容
人口评价	人口总数、人口密度、人口分布、人口的年龄结构和人口的文化素质等
经济活动评价	产业结构、国民生产总值和人均国民收入、产品综合能耗、能源利用率等
城市基础设施评价	住房、道路、给水设施及供水管网、排水管网及污水处理设施、能源结构、供热方式、绿地及分布等

③ 环境质量评价。环境质量评价是环境规划与管理的一项基础工作，其目的是正确认识规划区的环境质量现状、环境质量的地区差异和环境质量的变化趋势。环境质量评价突出超标问题，以明确环境污染的时空界域为主要环节，指出主要环境问题的原因和潜在的环境隐患等。

④ 污染源评价。突出重大工业污染源评价和污染源综合评价。根据污染类型进行单项评价，按污染物等标污染负荷排序，确定评价区的主要污染物和主要污染源。污染评价还应酌情包括乡镇企业污染评价和生活及面源污染分析等。

(2) 环境评价的主要方法

① 自然环境评价方法。自然环境评价普遍采用生态图法。所谓生态图法就是收集、综合和评价有关资料，把一定区域内与生态环境有关的因素绘制成空间分布图的方法。它能获得比较准确、综合、实用的评价结果。

绘制生态图的两个基本手段是指标法和重叠法。指标法是用定量或半定量的方法对环境主题进行评价、分级，并绘制在地图上。重叠法是将各相关因素的图件叠合在一起以获得新的、综合性的结果。

② 社会经济评价方法。社会经济评价的关键是选择评价的标准和指标化的方法。由于社会经济问题比较复杂，不易形成统一的看法，目前尚无统一评价标准，一般是根据研究对象和研究者所选择的总的战略目标，结合国内外相关指标体系来确定。

③ 环境质量评价和污染源评价方法。根据环境要素不同，环境质量评价和污染源评价方法不同。具体的方法见 5.2.2 节内容。

5.2.3 预测的方法

(1) 预测的含义

预测是一门技术，是环境管理系统分析的重要组成部分，是环境规划与管理的重要依据之一。

在调查研究和科学实验的基础上，借助于数学、计算理论和信息处理技术等工具，对未来某一时间环境质量的变化趋势，进行定性和定量分析，预测是决策的基础。

预测可从内容、作用和时间三个方面分为三大类别11个子项，见表5-4。

表5-4 预测分类内容

类别	分类子项
按预测内容划分	区域环境预测、行业环境预测、专题环境预测
按预测作用分	定性预测：对未来发展的定性分析（递增、递减、加快、减缓节奏） 定量预测：占有历史和现实数据，运用数学模型预测 定时预测：寻找时间序列上的发展变化规律（过去、现在和今后） 定比预测：定结构比例，如环保投资结构比例分析（水、气、渣、噪） 评价预测：对预测结果可信度、风险性进行评价
按预测时间分	短期预测：5年内 中期预测：5～15年 长期预测：20年

(2) 常用预测方法

① 预测的基本原则。

a. 资料的完整性：预测不同于猜测，猜测是随心所欲，不负责任，而预测必须周密调查并以详尽的统计资料为依据。

b. 数据的准确性：基础数据必须准确完整，预测结果必须给出误差分析；由于资料数据、预测技术和预测人员素质三方面的因素，预测结果不可能十全十美，误差总会有，但误差有大有小。

c. 方法的可靠性：对所有方法、模型进行分析、评价和检验。

d. 结果的可验性：预测应有明了的结论，且这个结论是可以检验的。

② 环境预测内容和基本程序。环境预测是通过已取得的情报资料和监测统计数据，对未知的环境前景进行的估计和推测，也就是把环境作为预测对象，置于一定的时间和空间中，研究在未来一定时期经济、社会活动对环境的影响，预测环境要素和系统将达到的运动状态及可能出现的结果，它是环境决策的依据，也是制订环境规划与管理的基础。

a. 环境预测的内容。

ⓐ 能源和资源消耗的增长、土地利用、资源开发的规模和速度、预测供求矛盾及其对环境的影响；

ⓑ 社会经济发展对环境产生的各种影响及污染源的变化情况；

ⓒ 大气环境、水环境、土壤环境等环境要素污染状况的变化；

ⓓ 开发活动可能造成的生态破坏；

ⓔ 环境污染与破坏造成的经济损失和对人体健康的损害；

ⓕ 主要污染物的削减量。

b. 环境预测的基本程序。

ⓐ 确定预测的目的和任务；

ⓑ 收集和分析有关资料；

ⓒ 选择预测方法；

ⓓ 建立预测模型；

ⓔ 进行预测计算；

ⓕ 对预测结果的鉴别和分析。

③ 环境预测的方法。根据预测结果一般可分为两类：定性预测和定量预测。

a. 定性预测方法。定性预测是预测者利用直观的材料，根据其掌握的专业知识和丰富的实际经验，运用逻辑思维方法对环境变化做出定性的预计推断和环境交叉影响分析，它主要包括专家会议法、德尔菲法、主观概率法和层次分析法等，见表 5-5。

表 5-5 定性预测方法的内容

分类	说明
专家会议法	通过专家之间的信息系统，引起“思维共振”并产生组合效应，形成宏观智能结构后进行创造性思维的方法。 可以排除折中，对所议的问题通过客观的连续分析，找到一组切实可行方案
德尔菲法	以无记名方式，通过数轮函询征求专家意见。预测领导小组对每轮的专家意见进行汇总整理，作为参考资料再发给专家，进一步提出新的论证，并不断修正自己的见解，如此循环反复数次，专家意见日趋一致，产生较为可靠结论。 具有不具名、反馈性和预测结果统计性等特点
主观概率法	允许专家在预测时可以提出几个估计值，并评定备选值出现的可能性；计算各个专家预测值的期望值；对所有专家预测期望值取平均值，得到预测结果
层次分析法	利用递阶层次结构和矩阵方程将思维过程数学化，采用 1～9 标度构造判断矩阵，通过求解矩阵特征向量及最大特征根，求得低层因素相对目标层的相对重要性权重值，以决定其影响程度

b. 定量预测方法。定量预测以运筹学、系统论、控制论、系统动态仿真和统计学为基础，根据历史数据和资料，应用数理统计方法来预测事物的未来，或者利用事物发展的因果关系来预测事物的未来。常用的定量预测方法主要包括时间序列法、回归分析法和环境系统的逻辑型规律法等，见表 5-6。

表 5-6 定量预测方法的内容

分类	说明
时间序列法	是在时间序列变量分析的基础上，运用一定的数学方法建立预测模型，使时间趋势向外延伸，从而预测未来市场的发展变化趋势，确定变量预测值，它又叫历史延伸法或外推法
逻辑型规律法	逻辑型规律是自然环境和社会环境中事物发展的基本规律之一，其基本线形是由一条指数曲线和一条对数曲线平滑衔接组合而成，呈 S 形，又称 S 规律
回归分析法	回归分析法是通过对历史资料的统计与分析，寻求变量之间相互依存的相关关系的一种数量统计方法，包括代数方程模型、微分方程模型等

(3) 社会发展预测方法

社会发展预测方法的重点是人口预测，也包括一些其他社会因素的确定，如规划期内区域内的人口总数、人口密度和人口分布等方面的发展变化趋势，人们的可持续发展观念和环境意识等各种社会意识的发展变化，人们的生活水平、居住条件、消费倾向和对环境污染的承受能力等方面的变化等。

人口预测是指根据一个国家、一个地区现有人口状况及可以预测到的未来发展变化趋势，测算在未来某个时间人口的状况，是环境规划与管理的基本参数之一。进行人口预测，主要关心的是未来的人口总数，常见的预测模型见表 5-7。

(4) 经济发展预测方法

经济发展预测包括能源消耗预测、国民生产总值预测、工业总产值预测等。表 5-8 和表 5-9 分别列出了能源消耗指标和能源消耗预测方法。

表 5-7 人口预测模型

<table>
<tr><th>项目</th><th>公式</th><th>式中符号说明</th></tr>
<tr><td>算术级数法</td><td>$N_t=N_{t_0}+b(t-t_0)$</td><td rowspan="3">N_t——预测年的人口数量，万人；
N_{t_0}——基准年的人口数量，万人；
b——逐年人口增加数(即 t 变动一年 N_t 的增加数)，万人/a；
t、t_0——预测年和基准年，a；
K——人口自然增长率，是人口出生率与死亡率之差，常表示为人口每年净增的千分数</td></tr>
<tr><td>几何级数法</td><td>$N_t=N_{t_0}(1+K)^{(t-t_0)}$</td></tr>
<tr><td>指数增长法</td><td>$N_t=N_{t_0}2.718^{K(t-t_0)}$</td></tr>
</table>

表 5-8 能源消耗指标

指标名称	说明
产品综合能耗	包括单位产值综合能耗(总耗能量和产品总产值的比值)和单位产量综合能耗(总耗能量和产品总产量的比值)
能源利用率	有效利用的能量和供给的能量的比值
能源消费弹性系数	规划期内能源消耗量增长速度与年平均经济增长速度之间的比值，年平均经济增长速度，可采用工业总产值、工农业总产值、社会总产值或国民收入的增长速度等

表 5-9 能源消耗预测方法

方法名称	说明
人均能量消费法	按人民生活中衣食住行对能源的需求来估算生活用能的方法，我国平均每人每年 1.14t 标准煤
能源消费弹性系数法	能源消费弹性系数 e 一般为 0.4～1.1，由国民经济增长速度，粗预测能耗的增长速度 $\beta=e\cdot\alpha$，其中 α 为工业产值增长速度，以此可进行规划期能耗预测 $E_t=E_0(1+\beta)^{(t-t_0)}$，其中 E_t 为预测年的能耗量；E_0 为基准年的能耗量，t、t_0 为预测年和基准年

目前，耗煤量的预测可分为民用耗煤量预测和工业耗煤量预测，民用耗煤量预测可用式(5-1)表示；工业耗煤量预测方法有弹性系数法、回归分析法、灰色预测法等几种常用的方法。以弹性系数法为例，设工业耗煤量平均增长率为 α，工业总产值平均增长率为 β，工业耗煤量弹性系数 C_E 可用式(5-2)表示。

$$E_s=A_s\cdot S \tag{5-1}$$

式中 E_s——预测年采暖耗煤量，$\times10^4$ t/a；

A_s——采暖耗煤系数，t/m^2；

S——预测年采暖面积，m^2。

$$C_E=\frac{\alpha}{\beta}=\frac{(E_t/E_0)^{\frac{1}{t-t_0}}-1}{(M_t/M_0)^{\frac{1}{t-t_0}}-1} \tag{5-2}$$

式中 E_t——预测年的工业耗煤量，$\times10^4$ t/a；

E_0——基准年的工业耗煤量，$\times10^4$ t/a；

M_t——预测年的工业总产值，$\times10^4$ 元/a；

M_0——基准年的工业总产值，$\times10^4$ 元/a；

t、t_0——预测年和基准年，a。

(5) 环境预测方法

环境预测的常见类型一般按环境要素分类，详细内容见第 7.3、8.3、9.3 节。

环境预测工作根据内容、要求的不同，工作程序也有不同，大体可分为 4 个步骤、11 个子项，见表 5-10。

表 5-10 预测的一般工作程序步骤和子项

步骤	子项	内容	说明
(1)准备阶段	①确定预测目的	按照环境决策管理的需要确定预测对象和目的，目的必须明确，任务必须具体	
	②确定预测时间	按照目的、任务的要求，规定预测的时间期限	
	③制订预测计划	将预测目的、任务按时间序列具体化，将各项任务分配到可以操作的程度	
(2)收集分析信息阶段	④收集预测资料	围绕预测目的收集相关数据和资料，资料必须完整、真实、充足和有效	
	⑤资料分析检验	对收集的资料进行加工、整理、分类和选择，对相关因素进行验证和调整	
(3)预测分析阶段	⑥选择预测方法	依据环境过程的特点、资料的拥有量、精确度、人力、时间和费用等因素，正确选择预测方法	
	⑦建立预测模型	模型应能反映预测对象的基本特征与经济、社会、环境之间的本质联系以及相互之间的制约关系	
	⑧进行预测计算	将收集的信息值等代入模型中计算，求出初步的环境预测结果	
	⑨检验预测结果	对预测结果进行分析、检验，并确定准确度	若误差大，返回子项⑥⑦⑧
(4)输出结果阶段	⑩输出预测结果	当预测结果满足现实情况或精度要求后，输出结果	
	⑪提交预测结果	将预测结果提交给相应部门，以制订环境管理方案	

5.2.4 统计的方法

(1) 环境统计

环境统计是用数字反映并计量人类活动引起的环境变化和环境变化对人类的影响。

由于环境统计是以环境为主要研究对象，因此它的研究范围涉及人类赖以生产和生活的全部条件，包括影响生态平衡的诸因素及其变化带来的后果。根据环境保护工作的需要，联合国统计司提出环境的构成部分包括：植物、动物、大气、水、土壤和人类居住区。环境统计要调查和反映以上各个方面的活动和自然现象及其对环境的影响。从我国的实际情况出发，目前我国环境统计的范围见表 5-11。

表 5-11 环境统计的范围

项目	范围
自然资源统计	反映土壤、森林、草原、水、海洋、气候、矿产、能源、旅游及自然保护区的实有数量、利用程度、保护情况
生态破坏与建设统计	反映水、空气、土地、植被等方面的破坏与建设情况
区域环境质量统计	反映水、大气、固体废物和噪声污染状况和生态环境质量状况
区域环境污染与防治统计	反映城市基本情况、污染排放、区域治理和综合利用的基本状况
环境管理统计	反映环境法规立法和执法、行政管理制度的实施、环境经济手段的利用、宣传教育和科技措施等方面管理工作的实施情况
环保系统的自身建设统计	反映环保系统的机构、人员和仪器装备的现有规模与水平

（2）环境统计的调查方法

① 定期普查：1996 年我国进行了全国污染源普查工作，2017 年进行了第二次全国污染源普查，普查标准时点为 2017 年 12 月 31 日，时期资料为 2017 年度资料。全国污染源普查是重大的国情调查，是环境保护的基础性工作。普查对象是中华人民共和国境内有污染源的单位和个体经营户。

② 抽样调查：对重点工业企业污染源实行抽样调查，制作重点污染源年度统计报表。

③ 科学估算：对重点企业及社会生活污染物排放进行科学估算。

④ 专项调查：对环境保护工作中有重大意义的问题进行专项调查，如乡镇企业污染调查、畜禽业专项调查、环保产业专项调查等。

（3）环境统计的分析方法

环境统计研究方法主要有大量观察法、综合分析法、归纳推断法等。

① 大量观察法。环境现象是复杂多变的，各单位的特征与其数量表现有不同程度的差异，建立在大量观察基础上的统计结果必然具有较好的代表性。在研究现象的过程中，统计要对总体中的全体或足够多的单位进行调查与观察，并进行综合研究。

② 综合分析法。综合分析法是指对大量观察所获资料进行整理汇总，计算出各种综合指标（总量指标、相对指标、平均指标、变异指标等），运用多种综合指标来反映总体的一般数量特征，以显示在具体的时间、地点及各种条件的综合作用下所表现出的结果。

③ 归纳推断法。所谓归纳是由个别到一般，由事实到概括的推理方法，这种方法是统计研究常用的方法。统计推断可用于总体特征值的估计，也可用于总体某些假设的检验。

5.2.5 审计的方法

（1）环境审计

环境审计是对特定项目的环境保护情况，包括组织机构、管理、生产及环保设施运转与排污等情况进行系统的、有文字记录的、定期的、客观的评定。环境审计按范围可分为地区（城市）级的环境审计及工厂、工艺、特定污染物等的环境审计；按审计的目标可分为提高环境管理效率、有效控制污染、提高环保资金使用效率、减少事故等环境审计；按审计的目的可分为审查环境执法、废物减量化、实施清洁生产等环境审计。

环境审计是对环境管理的某些方面进行检查、检验和核实，目的一般是将潜在的、可能出现的环境危险降到最低程度。“环境审计”也是一种管理工具，它用于对环境组织、环境管理和仪器设备是否发挥作用进行系统的、定期的和客观的评价。一般包括对管理的承诺、环境审计小组的目标、专业能力、环境审计程序、书面报告、质量保证和跟踪等环节。

(2) 环境审计的内容

环境审计的总体目标是根据成本效益原则，审查环保工作的合法性、效益性，评价生态资源的价值。环境审计手段是鉴证，对象是与环境有关的、能够带来业绩的组织、管理和设备等。环境审计涉及企业管理的各个方面，具体包括以下 7 个方面的内容：

① 符合性审计。主要为环境保护法规的符合性审计，对企业有关环境的现状及管理当局所做的努力进行详细的、特定区域的评价，以提高符合性，减少因不符合而造成的影响。

② 环境保护管理系统审计。确定环境管理系统是否运作良好，是否能处理当前或未来的环境风险。

③ 过渡审计。评价与不动产的获取和剥离有关的风险。企业的资产与特定的环境有关，由于环境因素的影响可能导致企业资产的贬值，因此企业在购买和转让不动产时，需要对其有关环境因素加以审计，以此来降低由此带来的风险。

④ 关于有害物质的处理、存放及清理的审计。评价危险原料的处理、存放及清理会产生的全部负债。有害物质如果处理、存放和清理不当，会对周边环境造成污染，甚至会威胁人类的健康，易带来诉讼、赔偿和罚款，导致环境成本上升、经济效益和社会效益下降，因此需要对其所经历的各个环节进行审计。

⑤ 污染预防审计。确定减少废物的机会，通过对企业可能发生污染情况的审计预测结果，采用一系列有效的措施，减少企业在生产经营过程中产生污染的机会。

⑥ 环境效益审计。评价由于采取了保护环境的措施而产生成本，并且要评价其估算的合理性、合法性和真实性，并估计环境治理的效益。由于环保设备的价格普遍较高，而其带来的效益又具有潜在的、长期的特性。通过环境效益审计，能提高企业的环保意识并在生产经营活动中兼顾企业的长远发展。

⑦ 产品审计。确定产品是否与环境政策的要求相符合。如果一个企业的产品被列为绿色产品，就会吸引众多的消费者，企业将在激烈的竞争中取得优势。通过产品审计，企业可以看出自己产品与环境政策要求的差距，并加以改进。

(3) 环境审计方法

环境审计是审计的一种类型，常规审计方法对环境审计同样适用，如我们在进行财务收支审计和经济效益审计中运用的审计检查法，包括资料检查法、实物检查法；审计调查法，包括查询法、观察法、专题调查法；审计分析法，包括账户分析法、账龄分析法、逻辑推理分析法、经济活动分析法、经济技术分析法、数学分析法、抽样审计法等。

目前环境审计专业人才缺乏，如何开展环境审计，我们采取了以下几种方式：

① 将微观审计与宏观分析相结合。环境审计工作涉及面广、政策性强，要从宏观着眼，把为宏观管理服务贯穿于审计工作全过程。在制订审计工作计划时，要分析当前环境管理中的主要问题，以资金为主线，以重点环保项目为对象，由浅入深选择环境最为严重的项目和重点污染源治理项目实施审计。将审计中的微观经济现象与有关环境保护宏观经济政策、法规、措施相联系，反映问题本质，并提出切实可行的意见和建议，及时反馈给政府及有关部门，为宏观决策提供依据。

② 将财务收支审计与经济效益审计相结合。环境审计不仅要对环保资金的筹集及使用情况、开展财政与财务收支的真实性及合规性审计，而且更重要的是要根据国家各项起居室环境指标，测评被审计单位应承担的环境保护责任、环境治理责任及工作绩效，反映环境保护政策的落实情况，因此，在开展财务收支审计的同时，必须开展环境绩效审计。

③ 将审计人员与环保专业技术人员相结合。环境审计专业技术性很强，审计人员仅有财务、审计知识是不能适应工作需要的，还必须熟悉国家环保法律、法规、制度和宏观经济政策，同时还要有综合分析、判断能力，因此，现阶段开展环境审计，一方面审计人员要通过学习和实践，尽快提高素质，成为既懂财务又懂环保、具有宏观分析问题能力的复合型人才，提高环境审计质量；另一方面，可以聘请环保专业技术人员参与审计组，合作开展审计，促进审计向纵深方向发展，尽快发挥环境审计的社会功效。

企业环境审计是最基本的，其中企业清洁生产审计应用较广泛。清洁生产审计是指对组织产品生产或提供服务全过程的重点或优先环节、工序产生的污染进行定量监测，找出高物耗、高能耗、高污染的原因，然后有的放矢地提出对策、制订方案，减少和防止污染物的产生。清洁生产审计的一个重要内容就是通过提高能源、资源利用效率，减少废物产生量，达到环境效益和经济效益的和谐统一。清洁生产审计方法见第 11.3.2 节。

5.2.6 信息处理的方法

(1) 环境信息及其系统

① 环境信息。环境信息是在环境管理工作中应用的经收集、处理而以特定形式存在的环境知识，以数字、字母、图像和音响等多种形式存在。环境信息是环境系统受人类活动等外来影响作用后的反馈，是人类认知环境状况的来源。因此，环境信息是环境规划与管理系统的神经。

环境信息除具有一般信息的事实性、等级性、传输性、扩散性和共享性等基本属性外，还具有时空性、综合性、连续性和随机性的特征。

② 环境信息的检索。环境信息在各种学术刊物和内部资料上均有刊登，环境管理人员可充分利用国内外的检索刊物，查阅相关信息。

③ 环境信息系统。环境信息从产生到应用于环境保护工作所构成的系统，即环境信息系统是从事信息处理工作的部门，由工作人员、设备（计算机、网络技术、GIS 技术、模型库等软硬件）及环境原始信息等组成的系统。按内容可分为环境管理信息系统（EMIS）和环境决策支持系统（EDSS），见表 5-12。

表 5-12 环境信息系统分类

项目	定义	基本功能
管理信息系统	以系统论为指导思想，通过人-机(计算机等)结合收集环境信息，模型对环境信息进行转换和加工，进行环境评价、预测和控制，最后再通过计算机等先进技术实现环境管理的计算机模拟系统	环境信息的收集和录用；环境信息的存储；环境信息的加工处理；以报表、图形等形式输出信息，为决策者提供依据
决策支持系统	将决策支持系统引入环境规划、管理、决策工作中的产物，对定结构化、未定结构化或不定结构化问题进行描述、组织，进而协助人们完成管理决策的支持技术	收集、整理、贮存并及时提供本系统与本决策有关的各种数据，对环境信息进行加工、处理、分析、综合、预测、评价

(2) 环境管理信息系统的设计与评价

① 信息系统设计的原则和任务。环境管理信息系统设计一般具有以下原则：a. 一个信息系统一开始就应该有用户的积极参加；b. 设计信息系统主要由有关环境科学方面的信息专家或专业人员承担；c. 新设计建立的信息系统，一定要具有可靠性；d. 在建立一种新系统之前，必须对系统进行全面的研究。

② 环境管理信息系统的设计与评价。环境管理信息系统设计过程可分为四个阶段：可行性研究、系统分析、系统设计和系统的实施与评价。表 5-13 列出了环境管理信息系统设计过程各开发程序及内容。

表 5-13　环境管理信息系统设计过程各开发程序及内容

阶段名称	目的或任务	步骤	主要内容	主要成果
可行性研究	为整个工作过程提供一套必须遵循的衡量标准	(1)提出请求	可行性研究的前提：明确研究的目的、要求、方法及评价准则	可行性报告； 项目开发计划
		(2)可行性研究	用户调查；分析现有系统，提出系统选择方案进行可行性投资效益分析	
		(3)批准	主要审核	
系统分析	解决“干什么”，即明确系统的具体目标，系统的界限以及系统的基本功能	(4)对问题进行逻辑处理，决定做什么	功能和性能要求，限制条件运行环境，完成系统的功能分解，给出系统的功能分解图表	系统分析报告
		(5)系统分析方案	数据流程图及文字说明	
系统设计	系统的分解、功能模块的确定及连接方式的确定、输入设计、输出设计、数据库设计及模块功能说明	(6)如何解决问题	对问题给出几个解决方案，尽可能给出系统流程图； 结构化方法使用模块的 IPO 表来表示程序的技术要求	系统设计报告
系统实施与评价	系统设计完成后就应交付使用，并在运行过程中不断完善，不断升级，因而需要对其进行评价	(7)建立系统调试程序	各模块程序的编写； 系统功能和性能的评价报告； 实施组织管理运行维护	系统程序； 系统测试报告； 系统使用报告； 系统评价验收报告

(3) 环境决策支持系统的设计与评价

环境决策支持系统的设计分为制订行动计划、系统分析、总体结构设计和系统的实施与评价四个步骤。

制订行动计划可有快速实现方案、分阶段实现方案和完整的 EDSS 方案；系统分析步骤是 EDSS 设计的重要步骤，确定系统的组成要素，划分内在变量，分析各要素间的相互关系，确定 EDSS 的基本结构和特征；总体结构设计阶段由用户接口、信息子系统、模型子系统和决策支持子系统构成；提供系统支持决策的分析与评价的相互关联的功能子模块，进而完善该系统。

习题

在线习题

1. 简述环境监测的任务和分类。
2. 简述环境监测的程序。
3. 简述环境现状调查的内容和方法。
4. 简述环境评价的内容和方法。
5. 简述社会发展预测的主要方法。
6. 简述经济发展预测的主要方法。
7. 简述环境质量预测的主要方法。
8. 简述环境统计的内容及研究和调查方法。
9. 简述环境审计的方法和内容。
10. 简述环境管理信息系统的组成和设计方法。

规 划 篇

第6章 环境规划基础

6.1 环境规划的原则和工作程序

6.1.1 环境规划的基本原则

环境规划的基本原则是以生态理论和经济发展规律为指导，正确处理资源开发利用、建设活动与环境保护间的辩证关系，以经济、社会和环境协调发展的战略思想为依据，明确制定环境规划目标、方案和措施，实现环境效益与社会效益、经济效益相统一的工作准则。在制定环境规划时应遵循以下基本原则。

① 坚持全面规划、合理布局、突出重点、兼顾一般的原则，推行可持续发展战略，保障环境与经济的协调发展。

② 坚持经济效益、社会效益、环境效益相统一的原则，遵循生态规律和经济规律，使有限的资金发挥更大的作用。

③ 坚持依靠科技的原则，大力发展清洁生产，推广三废综合利用，将污染消灭在生产过程中，积极采用适宜规模的、先进的、经济的治理技术，实现经济发展与环境保护的协调统一。

④ 坚持污染防治与基本建设、技术改造和城市建设紧密结合的原则，实行环境综合整治。

⑤ 坚持自然资源开发利用与保护增殖并重的原则，建立以保护资源为核心的环保战略，合理开发利用自然资源，保证资源的永续利用。

⑥ 坚持实事求是、因地制宜的原则，环境目标应符合国民经济计划总要求，要从实际出发，切实可行，规划措施要有可操作性。

⑦ 坚持强化环境管理的原则，运用经济、法律、行政手段促进环保事业发展，充分体现有中国特色的环境管理思想、制度和措施。

6.1.2 环境规划的工作程序

(1) 规划的编制

① 接受任务与组织规划编制。上一级环保部门代表同级政府下达编制规划的任务，提出主要要求、时间进度，下一级环保部门代表同级政府组织规划编制组，编制工作计划和规划大纲。也可以由政府下达编制规划的任务，同级环保部门组织规划编制组。规划编制组一般分为领导组、协调组和技术组，人员由通晓规划对象的专家以及有关规划、计划管理部门的人员组成；由对规划地域或领域具有决策权和协调能力的部门领导人担任指导。工作程序见图 6-1。

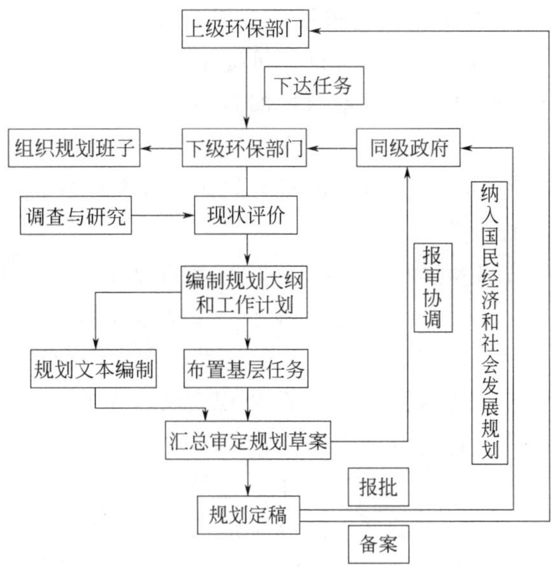

图 6-1 环境规划的工作程序

② 完成规划文本的编制。环境规划由专门组织的技术队伍（规划编制组）承担，这是规划编制的主要阶段，其编制技术程序见图 6-2。

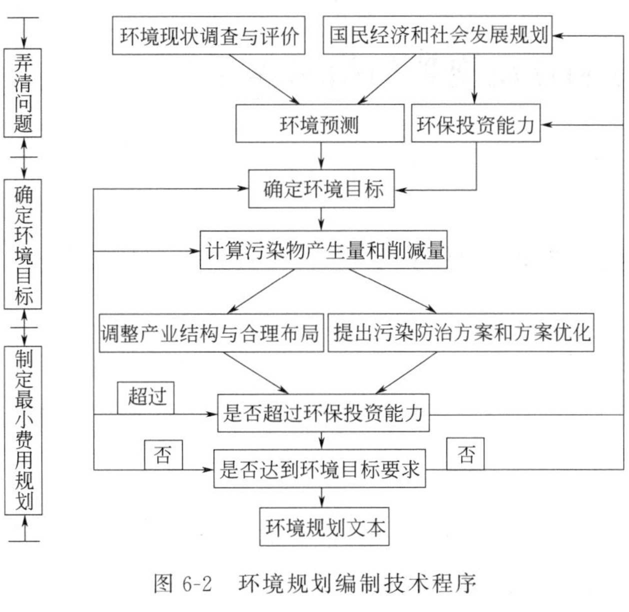

图 6-2 环境规划编制技术程序

(2) 规划的申报与审批

规划的申报和审批过程是沟通上下级认识、协调环保部门与其他部门之间关系的过程；是将规划方案变为实施方案并纳入国民经济和社会发展规划的过程；也是环境规划管理工作的一项重要制度。

① 规划初级申报和审核。规划编制单位在规划基本编制完成后，将文本报送同级政府和上一级环保部门初审，同级政府在其职权范围内，可对方案进行决策、批准、驳回或提出修改意见；上级环保部门在收到申报文本后，进行初审，在与有关部门取得协商意见后，对申报文本批准或提出修改意见。

规划的审批应在组织各行业专家进行评审和论证的基础上进行。

② 终级申报与审批。下级环保部门在得到初审意见后，对规划进行修改或重新编制。若认为初审意见不合理，可提出申辩，对规划进行修改或重新编制后，再次申报给同级政府审批和报上一级环境保护部门备案。

同级政府收到申报文本后，应予迅速批准，并将批准后的环境规划付诸实施。在规划实施过程中，若出现新的重大问题，确需对环境规划的指标或内容进行补充修改时，必须报请原审批机关同意。

③ 环境规划文本。一次环境规划工作结束时，一般应有三类文本。

a. 技术档案文本。技术档案文本是指将规划过程所收集的背景材料、调查或检测所采集的信息、规划编制过程的技术档案或记录进行整理而成的背景材料文本。

b. 环境规划文本。环境规划文本系指正式的环境规划文本。它由环境规划管理部门管理，作为进行规划实施与管理的蓝本。

c. 环境规划报审文本。这是正式的环境规划文本的缩编文本或简编文本，主要用于申报、审批。简编文本内容应包括：自然环境特点；经济和社会简况；前期环境规划（或计划）执行简况；规划要解决的主要环境问题；规划目标（时空限定）；主要措施；主要工程项目及说明；投资预算及来源；主要困难及要求提供的条件等。

6.2 环境目标和环境规划的指标体系

6.2.1 环境目标的含义及其分类

环境目标是指在一定的条件下，决策者对环境质量所想要达到（或期望达到）的环境状况或标准。环境目标是环境规划的核心和灵魂，是进行环境建设的基本出发点和归宿（环境战略的具体体现）。

(1) 环境目标的层次

环境目标可分为总目标、单项目标、环境指标三个层次。

① 总目标：规划区域环境质量所要达到的要求和状况。

② 单项目标：根据环境要素、环境功能和环境特征所确定的环境目标。

③ 环境指标：体现环境目标对单一因子的要求。

(2) 环境目标的类型

① 按规划内容分：

a. 环境质量目标：大气环境、水环境、生态环境目标等；

b. 环境建设目标：反映环境改善程度的目标；

c. 污染控制目标：提出污染物削减量目标以及治理率、达标率等；

d. 环境管理目标：环境影响评价、三同时执行率等。

② 从时间上划分：短期、中期、长期目标等；或者按照年度，五年、十年、二十年目标等。

③ 从空间上划分：国家、省（自治区、直辖市）、县、经济区、流域环境目标等。

6.2.2 环境规划指标体系

环境规划指标是指能直接反映环境对象及有关事物，用来共同描述环境规划目标内容的数量和质量的特征值。环境规划的指标体系则是由一系列既相互独立，又相互联系、相互补充的环境规划指标构成的有机集合。在环境规划与管理过程中，根据规划指标表征对象、作用及在环境规划中的重要性和相关性，通常把它们分为环境质量指标、污染物总量控制指标、环境规划措施与管理指标以及相关性指标，详见表 6-1。

表 6-1 环境规划指标类别与内容

指标类别与内容	应用范围				要求
	省	城市	部门行业	流域	
一、环境质量指标					
1. 大气					
TSP(年日均值)或达到大气环境质量的等级		0			0
SO_2(年日均值)或达到大气环境质量的等级		0			0
NO_x(年日均值)或达到大气环境质量的等级		0			选择
降尘(年日均值)		0			选择
酸雨频度与平均 pH	0	0			选择
2. 水环境					
饮用水源水质达标率；饮用水源数		0			0
地表水达到地表水水质标准的类别或 COD	0	0	0		0
地下水矿化度、总硬度、COD、硝酸盐氮和亚硝酸盐氮		0			选择
海水达到近海海域水质标准类别或 COD、石油、氨氮和磷					
3. 噪声					
区域噪声平均值和达标率		0			0
城市交通干线噪声平均声级和达标率		0			
二、污染物总量控制指标					
1. 大气污染物宏观总量控制					
大气污染物(SO_2、烟尘、工业粉尘、NO_x)总排放量；燃烧废气排放量、消烟除尘量；工艺废气排放量、消烟除尘量；工艺废气排放量、处理量、工业废气处理量、处理率；新增废气处理能力	0	0	0		

续表

指标类别与内容	应用范围				要求
	省	城市	部门行业	流域	
大气污染物(SO_2、烟尘、工业粉尘、NO_x)去除量和去除率	0	0			0(NO_x 选择)
锅炉数量、达标量、达标率；窑炉数量、达标量、达标率	0	0	0		选择
汽车数量、耗油量、NO_x 排放量		0			选择
2. 水污染物宏观总量控制					
工业用水量和工业用水重复利用率，新鲜水用量	0	0	0	0	0
废水排放总量；工业废水总量、外排量；生活废水总量	0	0	0	0	0
工业废水处理量、处理率、达标率、处理回用量和回用率、外排工业废水达标量、达标率、新增工业废水处理能力、万元产值工业废水排放量	0	0	0	0	0
废水中污染物(COD、BOD、重金属等)的产生量、排放量、去除量	0	0	0	0	0
3. 工业固体废物宏观控制					
工业固体废物(冶炼渣、粉煤灰、炉渣、煤矸石、化工渣、尾矿和其他)产生量、处置量和处置率；堆存量，累计占地面积，占耕地面积、综合利用量、综合利用率；产品利用量、产值、利润；非产品利用量	0	0	0		0
危险废物产生量、处置量、处置率	0	0	0		选择
4. 乡镇环境保护规划					
乡镇工业大气污染物排放(产生)量、治理量、治理率和排放达标率	0	0			选择
水污染物排放(产生)量、削减量、治理量和治理率，排放达标率	0	0			选择
固体废物产生量、综合利用量、排放量等	0	0			选择
三、环境规划措施与管理指标					
1. 城市环境综合整治					
燃料气化：建成区居民总户数，使用气体燃料户数，城市气化率	0				0
型煤：城市民用煤量，民用型煤普及率	0				
集中供热："三北"采暖建筑面积，集中供热面积，热化率，热电联产供热量	0				
烟尘控制区：建成区总面积，烟尘控制区面积及覆盖率	0				0
汽车尾气达标率	0				0
城市污水量、处理量、处理率、处理厂数及能力(一、二级)和处理量；氧化塘数、处理能力及处理量；污水排海量，土地处理量		0			0
地下水位、水位下降面积、区域水位降深；地面下沉面积、下沉量		0			0
工业固体废物集中处理厂数、能力、处理量	0			0	
生活垃圾无害化处理量、处理率；机械化清运量、清运率；建成区人口、绿地面积、覆盖率；人均绿地面积		0			0
2. 乡镇环境污染控制					
污染严重的乡镇企业数，关、停、并、转和迁数目	0	0			选择
污灌水质	0	0			选择
3. 水域环境保护					
功能区：工业废水、生活污水、COD、氨氮纳入水量(湖泊总磷、总氮纳入量)	0	0		0	0
监测断面：COD、BOD、DO、氨氮或达到地表水水质标准类别(湖泊取COD、氮、磷)	0	0		0	0
海洋功能区划：工业废水和生活污水入海通量	0				选择
4. 重点污染源治理					
污染物处理量、削减量；工程建设年限，投资预算及来源	0	0	0		
5. 自然保护区建设与管理					
重点保护的濒危动植物物种和保存繁育基地数目、名称	0				0

续表

指标类别与内容	应用范围				要求
	省	城市	部门行业	流域	
自然保护区类型、数量、面积、占国土面积百分比和新辟建的自然保护区	0				0
6. 环保投资					
环保投资总额占国民收入的百分数	0	0	0		0
环保投资占基本建设和更改资金的比例	0	0	0		
四、相关指标					
1. 经济					
国内生产总值：工、农业生产总值及年增长率；部门工业产值	0	0			选择
工业密度：单位占地面积企业数、产值	0	0			选择
2. 社会					
人口总量与自然增长率、分布、城市人口	0	0			选择
3. 生态					
森林覆盖率、人均森林资源量、造林面积	0	0			选择
草原面积、产量(千克/公顷)、载畜量、人工草场面积	0	0			选择
耕地保有量、人均量；污灌面积；农药化肥污染土壤面积	0	0			选择
水资源：水资源总量、调控量、水资源流域面积、水利工程和地下水开采	0	0			选择
水土流失面积、治理面积、减少流失量	0	0			选择
土地沙化面积、沙化控制面积	0				选择
土地盐渍化面积、改良复垦面积					选择
农村能源、生物能源占能源的比重，薪柴林建设					选择
生态农业试点数量及类型					选择

注：省内城市按城市要求，城市内行业按行业要求。

6.3 环境评价和预测

6.3.1 环境调查与评价

环境调查与评价工作是环境规划的基础工作，其目的是全面了解规划区域环境质量状况，弄清环境现状，了解区域环境特征、环境容量和环境承载力，给区域环境质量作出合理的评价并发现主要环境问题，同时，需要通过评价确定各环境问题的重要性和造成环境污染的主要污染源。

(1) 环境调查

① 环境信息采集。环境信息的收集和分析是贯穿规划全过程的基础性工作，是规划的重要支持系统之一。初期的环境信息收集以广和全为原则，应包括与规划有关的经济、社会、科技、人文以及自然、地理、生态、污染情况等。待规划方向、内容范围基本确定以后，信息的收集应有重点地进行。信息源主要包括：先前的环境规划、计划及其基础资料；

统计部门历年的统计资料（包括经济、社会和环境等方面）；有关部门的规划和背景资料；环境科研部门保管的文献资料（包括环境调查、科研成果等）；环境监测部门的有关资料和历年的环境质量报告书；专家系统提供的信息情报；为规划编制或专门进行的实地考察、测试所得的资料等。

② 环境信息采集方法。环境信息采集方法包括：查阅和收集公开发表的上述文献资料；召开专家和管理干部座谈会，请他们撰写有关资料或通过信函调查采集信息；吸收与环境规划有关部门的干部和专家参与环境规划编制；依靠当地环境保护委员会或上级协调部门疏通信息渠道，取得有关文献和资料；设立规划研究课题，委托科研单位进行关键问题的研究或关键数据的测试、核算等。

(2) 环境评价

环境评价工作是在全面、可靠的调查基础上进行的。环境评价的主要内容有：

① 自然环境评价。自然环境包括地质、气候、水文、植被、地形地貌、土壤、特殊价值地区及生态环境（特别是生态敏感区或生态脆弱区）等。在自然环境现状调查基础上，完成区域自然环境质量评价。自然环境评价主要为环境区划和评估环境的承载能力服务。

② 经济、社会现状评价。在对人口、资源优势和利用状况、产业结构与布局、经济规模及科技情况等社会调查基础上，开展包括生产力布局现状分析、生产力发展水平现状分析、社会人口状况分析、社会意识状况分析等内容的区域社会环境现状评价。

③ 污染源评价。突出重大工业污染源评价和污染源综合评价。根据污染类型，还需要进行单项评价，按污染物排放总量排序，由此确定评价区域的主要污染物和主要污染源。

6.3.2 环境预测

环境预测是在环境现状调查与评价和科学实验基础上，结合社会经济发展状况，对环境的发展趋势进行科学分析，指出影响未来环境质量的主要因素，寻求改善环境以及经济与社会协调发展的途径。环境预测是环境规划科学决策的基础；预测-规划-决策所形成的完整体系，是整个环境规划工作的核心。

(1) 环境预测的主要依据

① 规划区环境质量评价是环境预测的基础工作和依据；

② 规划区社会经济发展目标；

③ 城镇发展规划、区域发展规划及能源、交通、电力、水利、通信等行业发展规划。

(2) 环境预测的内容

① 社会发展和经济发展预测。社会发展预测重点是人口预测，其他要素因时因地确定。经济发展预测要注意经济社会与环境各系统之间和系统内部的相互联系和变化规律。重点是能源消耗预测、国内生产总值预测、工业总产值预测，同时对经济布局与结构、交通和其他重大经济建设项目作必要的预测与分析。经济发展预测要注重选用社会和经济部门（特别是计划部门）的资料和结论。

② 污染物产生与排放量预测。参照环境规划指标体系的要求选择预测内容，污染物宏观总量预测的重点是确定合理的排污系数（如单位产品和万元工业产值排污量）和弹性系数

(如工业废水排放量与工业产值的弹性系数)，从而得到相应的污染物产生量和排放量。主要包括：大气污染物排放量预测；废水排放量预测；噪声和废渣污染预测；农业污染源预测——土地中农药、化肥施用量、积累量，粮食、蔬菜、水果中农药含量；环境污染治理和环保投资预测等。

③ 环境质量预测。根据污染物在环境中的扩散、迁移和转化规律及相关影响因素，预测各类污染物在大气、水体、土壤等环境要素中的总量、浓度及分布，预测可能出现的新污染种类和数量。环境质量预测的要点是确定排放源与汇之间的输入响应关系（剂量反应关系）。

④ 生态环境预测分析。预测分析的基本思路是，首先按原始运行（或无有力措施）的状况，预测分析主要生态指标的变化，再根据经济发展、城市建设规划预测分析主要生态指标的变化，然后综合分析各种状况可能引起的生态环境变化，为编制生态环境规划，调整城市建设总体规划提供依据。主要内容包括：水资源合理开发利用情况，城市绿地面积及环境影响，土地利用现状及城市发展趋势等。

⑤ 环境资源破坏和环境污染造成的经济损失预测。

a. 资源不合理开发利用造成的经济损失（资源损失、植被覆盖变化、地质灾害损失等）；

b. 环境污染造成的经济损失（农业减产、加工成本增加、减产损失等）；

c. 环境污染引起的人体健康损失。

环境预测方法可参见第 5 章、第 7 章。

6.4 环境功能区划

环境功能区常常是经济、社会与环境的综合性功能区，环境功能不同，对环境的影响程度也不一样。确定合理的环境区划，对具有不同功能的环境区域，有针对性地制定环境保护目标，分别采取环保对策，是科学规划的重要基础工作。我国现行环境功能区划有：

(1) 城市环境功能区

城市环境功能区：①工业区；②居民区；③商业区；④机场、港口、车站等交通枢纽区；⑤风景旅游或文化娱乐区；⑥特殊历史纪念地；⑦水源保护区；⑧文化教育区；⑨新经济开发区；⑩农副产品生产基地；⑪污染物处理区（垃圾场、污水处理厂等）；⑫卫星城等。

(2) 空气环境功能分区

按照我国《环境空气质量标准》(GB 3095—2012）的规定，将空气环境分为两类区域：

一类区为自然保护区、风景名胜区和其他需要特殊保护的区域；

二类区为居住区、商业交通居民混合区、文化区、工业区和农村地区。

(3) 地表水环境功能区

根据我国《地表水环境质量标准》(GB 3838—2002)，将地表水环境划分为五类水域：

Ⅰ类水域。主要适用于源头水、国家自然保护区。

Ⅱ类水域。主要适用于集中式生活饮用水地表水源地一级保护区、珍稀水生生物栖息地、鱼虾类产卵场、仔稚幼鱼的索饵场等。

Ⅲ类水域。主要适用于集中式生活饮用水地表水源地二级保护区、鱼虾类越冬场、洄游通道、水产养殖区等渔业水域及游泳区。

Ⅳ类水域。主要适用于一般工业用水区及人体非直接接触的娱乐用水区。

Ⅴ类水域。主要适用于农业用水及一般景观要求水域。

(4) 城市声学环境功能分区

根据我国《城市区域环境噪声标准》（GB 3096—93），将城市声学环境分为 0～4 共五类区域：

0 类声环境功能区：指康复疗养区等特别需要安静的区域。

1 类声环境功能区：指以居民住宅、医疗卫生、文化教育、科研设计、行政办公为主要功能，需要保持安静的区域。

2 类声环境功能区：指以商业金融、集市贸易为主要功能，或者居住、商业、工业混杂，需要维护住宅安静的区域。

3 类声环境功能区：指以工业生产、仓储物流为主要功能，需要防止工业噪声对周围环境产生严重影响的区域。

4 类声环境功能区：指交通干线两侧一定距离之内，需要防止交通噪声对周围环境产生严重影响的区域，包括 4a 类和 4b 类两种类型。4a 类为高速公路、一级公路、二级公路、城市快速路、城市主干路、城市次干路、城市轨道交通（地面段）、内河航道两侧区域；4b 类为铁路干线两侧区域。

6.5 环境规划方案的设计与优化

6.5.1 环境规划方案的设计

(1) 环境规划方案设计的原则

① 因地制宜，紧扣目标。加强目标意识，充分了解环境问题和污染状况，明了自身的治理和管理技术、现有设备及可能投入的资金及环境污染削减能力和承载力。同时，在设计中，提出的各种措施和对策一定要考虑是否抓住问题实质，能不能实现，是否对应目标等。

② 以提高资源利用率为中心。环境污染实质是资源和能源的浪费，在规划方案设计中，空气污染综合整治、生态保护、总量控制、生产结构与布局规划都要围绕资源利用率这个中心。

③ 遵循国家或地区有关政策法规。要在政策允许范围内考虑设计方案，提出对策和措施，避免与之抵触。

(2) 环境规划方案的设计过程

① 分析调查评价结果。分析调查的内容包括环境质量、污染状况、主要污染物和污染源、现有环境承载力、污染削减量、现有资金和技术，从而明确环境现状、治理能力和污染

综合防治水平。

② 分析预测的结果。摆明环境存在的主要问题，明确环境现有承载能力，削减量和可能的投资、技术支持，从而综合考虑实际存在的问题和解决问题的能力。

③ 详细列出环境规划总目标和各项分目标；以明确现实环境与环境目标的差距。

④ 制订环境发展战略和主要任务，从整体上提出环境保护方向、重点、主要任务和步骤。

⑤ 制订环境规划的措施和对策。运用各种方法制订针对性强的措施和对策，如区域环境污染综合防治措施、生态环境保护措施、自然资源合理开发利用措施、调整生产力布局措施、土地规划措施、城乡建设规划措施和环境管理措施。

6.5.2 环境规划方案的优化

(1) 环境规划方案优化的内涵

环境规划方案是指为实现环境目标应采取的措施以及相应的环境保护投资，力争投资少、效果好。在制订环境规划时，一般要做多个不同的规划方案，对不同方案对比分析后，确定经济上合理、技术上先进、满足环境目标要求的几个最佳方案作为推荐方案。方案优化是编制环境规划的重要步骤和内容。方案的对比要具有鲜明的特点，比较的项目不宜太多，要抓住起关键作用的因素作比较。值得注意的是不要片面追求技术先进或过分强调投资，要从实际出发，注意采用费用——效益分析、最优化分析等科学方法，选择最佳方案。

(2) 环境规划方案的优化选择

为了实现环境目标要求，可以在有关因素（经济、社会、技术等）约束下提出各种初始方案。由于初始方案是多种措施的组合，往往多达几个、十几个，因此需要选用恰当的方法进行优化。在环境规划中常用的优化方法包括：数学优化方法、费用效益分析方法、线性规划方法、非线性规划方法和多目标决策分析方法等进行项目方案的优化选择，参见第 5 章。

6.6 环境规划的实施

环境规划的实施，就是按照规划所规定的环境目标和任务组织落实，发挥规划的指令性作用，实现经济、社会和环境的协调发展。环境规划的实施工作涉及各级政府和各有关部门，比规划的编制更复杂更困难。环境规划的实施应具备以下几个条件：

6.6.1 将环境规划纳入国民经济和社会发展计划

将环境规划纳入国家发展计划是实现环境法制管理的具体行动。环境规划的编制任务由环保部门和计划部门联合下达，要与国民经济和社会发展计划的编制同步进行，采取相同的程序，并纳入其中，与国民经济社会发展计划同时批准下达。

环保部门要与市政建设部门密切联系，将大中型污染治理项目和生态保护项目列入城市建设计划项目中；把无废少废工艺项目和综合利用项目列入国家和地方更新改造项目计划中；把需引进国外先进技术的环保项目列入国家利用外资项目中。

结合环境管理制度的推行，把分解的环境目标分别纳入有关管理计划中，特别是纳入目标责任制和城市环境综合整治定量考核工作计划中。要充分发挥公众参与作用，让环境规划的目标任务家喻户晓，人人皆知，有利于把环境保护计划置于全体人民的监督之下，推动规划的实施。

6.6.2 环境规划的分解

(1) 编制年度计划

环境规划分解为环保五年计划和年度计划，是规划分解的主要形式。规划分解的原则要求是：

① 环保计划必须有明确的目标和达到目标的指标体系，包括综合指标和形成专项计划书的指标。

② 环保计划须与环境保护责任目标，城市环境综合整治定量考核、限期治理，重大工程建设项目等实际工作相对应，并与环境统计、考核工作相协调。

③ 环保计划应与城市、区域的经济发展计划相对应，并同步编制，综合平衡。

④ 环保计划特别是年度计划的指标、任务、措施、资金、考核目标、责任承担等，均需定量化和具体化，逐条逐项层层落实。所列环保项目应数据齐全，能检测、有资金保证。

⑤ 环保计划要从实际出发，与经济支撑能力相适应，并充分考虑科学技术的进步。

(2) 环境规划目标的空间分解

环境规划目标的空间序列分解是指将规划目标按照地区分解并落实到有关行政管理部门。分解的主要内容是：

① 宏观质量指标分解：如大气质量指标、水环境质量指标、噪声控制指标、固体废弃物综合利用与处理指标，自然保护或生态保护指标等。各类指标的选择应能保证地区的环境功能。

② 污染物削减指标分解：如主要削减的污染物及分期分批削减量，主要须完成的治理工程等。

(3) 行业或企业污染治理任务的分解

根据环境污染主要由工业生产造成的特点，行业和企业应是污染负荷削减的主要承担者。行业或企业承担污染负荷削减任务的原则是：

① 多排放者多削减原则。即根据规划编制过程中的污染排序实行分解。

② 重点性原则。即抓住主要影响地区或功能区环境质量的行业或企业，实行有重点的分配和有重点的负担。

③ 经济性原则。即按投资少而污染物削减量大的原则实行优化分配，增强规划分解的合理性和可行性。

④ 依靠科技进步。即注意结合技术改造、工艺改革进行分解。

6.6.3 落实环境保护资金

落实环境保护资金是实施环境规划的关键。环保投资规模常用其占当年国内生产总值的百分数表示。2020 年，全国环境污染治理投资总额为 10638.9 亿元，占国内生产总值的 1.0%。

根据国家下达的《关于环境保护资金渠道规定的通知》，明确了我国环保资金的 8 条渠道：①基本建设“三同时”投资资金；②企业更新改造资金中的环保投资（≥7%）；③城市建设中的环保投资；④超标排污费；⑤工矿企业为防治污染的综合利润提成；⑥银行贷款（用于老污染源治理）；⑦专项资金；⑧环保部门自身建设经费。此外，还有国家环保基金、自筹资金、外商投资、私人及其他经济组织的投入与参与等。在落实上述实施条件的基础上，环境保护管理部门应加强环境规划实施的动态控制管理，以目标管理为中心，结合现行环境管理制度，推行全过程的管理。

习题

在线习题

1. 环境规划的基本原则有哪些?
2. 环境规划工作程序和技术程序有何区别和联系?
3. 环境规划指标体系应包括哪几个方面?
4. 试述环境预测的作用和内容?
5. 怎样进行环境规划方案的设计?
6. 分析说明环境规划实施的条件。

第7章 水污染控制规划

7.1 水环境规划基础

7.1.1 水环境功能区划

水环境功能区划即根据当地的水环境自然条件、水资源利用状况和社会经济发展需要，权衡人类需求功能，将水域划分为不同的分类管理功能区，并确定其相应的环境质量目标，是水环境规划的一项重要的基础工作。

(1) 水环境功能区划的原则

水环境功能区是指为满足水资源开发和有效保护的需求，根据自然条件、功能要求、开发利用现状，按照流域综合规划、水资源保护规划和经济社会发展要求，在相应水域应按其主导功能进行划分并执行相应质量标准的特定区域。

水环境功能区的划分应遵循以下原则。

① 优先保护集中式饮用水水源地。在规定的各类功能区中，以饮用水水源地为优先保护对象。在保护重点功能区的前提下，可兼顾其他功能区的划分。

② 不得降低水体现有的水质等级。对于一些水资源丰富、水质较好的地区，在开发经济、发展工业、制订规划功能时，应经过严格的经济技术论证，并报上级批准。

③ 上、下游和区域之间兼顾，适当考虑潜在功能要求。不同水环境功能区边界水质应该达标交接，要求对生物富集或环境积累的有毒有害物质造成的环境影响给予充分的考虑。

④ 与工业合理布局相结合。功能区划要层次分明，突出污染源的合理布局，使水环境功能区划与工业布局、城市发展规划相结合。

⑤ 实用可行，便于管理。功能区划方案实用可行，有利于强化目标管理，解决实际问题。

(2) 水环境功能区划的方法与步骤

水环境功能区划分的系统分析方法与步骤见图 7-1 所示，系统分析需要经过反复，主要包括以下过程：①对环境保护目标进行全面分析，既考虑环境保护的需要，又考虑经济、技术的可行；②将环境目标具体化为环境质量标准中的数值；③对功能可达性进行分析，确定引起污染的主要人为污染源；④建立污染源与水质目标之间的相应关系，将各种污染源排放的污染物输入各类水质模型，以评价污染对水质目标的影响；⑤分析减少污染物排放的各种可能的途径和措施；⑥通过对多个可行方案的优化决策，确定技术、经济最优的方案组合；⑦通过政策协调和管理决策，最终确定环境保护目标和水环境功能区划分方案。

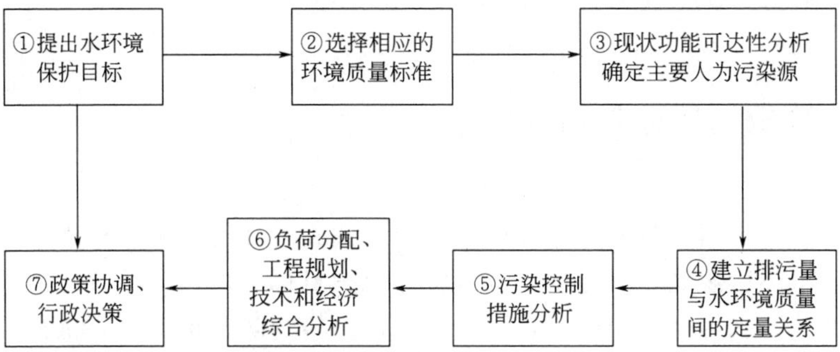

图 7-1　水环境功能区划分的系统分析过程

(3) 水功能分区

地表水的水功能区一般分为水功能一级区和水功能二级区。水功能一级区分为保护区、缓冲区、开发利用区和保留区四类。在水功能区一级区中的开发利用区中又划分为七类二级区，分别为饮用水源区、工业用水区、农业用水区、渔业用水区、景观娱乐用水区、过渡区和排污控制区。水功能区的划分是水环境质量标准在具体水域的具体应用，是水环境规划的依据。具体的水功能区及与之对应的水质标准见表 7-1。

表 7-1　水功能区划分的条件指标和水质标准

一级区	二级区	区划条件	区划指标	执行水质标准
保护区		国家级、省级天然保护区；具有典型意义的自然生境；大型调水工程水源地；重要河流的源头	集水面积、水量、调水量、水质级别	Ⅰ～Ⅱ级或维持现状
缓冲区		跨地区边界的河流、湖泊的边界水域；用水矛盾突出的地区之间的水域	省界断面水域；矛盾突出的水域	按实际需要执行相关标准或按现状控制
开发利用区	饮用水源区	现有城镇生活用水取水口较集中的水域；规划水平年内设置城镇供水的水域	城镇人口、取水量、取水口分布等	Ⅱ～Ⅲ类
	工业用水区	现有或规划水平年内设置的工矿企业生产用水集中取水的水域	工业产值、取水总量、取水口分布等	Ⅳ类
	农业用水区	现有或规划水平年内需要设置的农业灌溉集中取水的水域	灌区面积、取水总量、取水口分布等	Ⅴ类

续表

一级区	二级区	区划条件	区划指标	执行水质标准
开发利用区	渔业用水区	自然形成的鱼、虾、蟹、贝等水生生物的产卵场、索饵场、越冬场及洄游通道；天然水域中人工营造的水生生物养殖场	渔业生产条件及生产状况	执行《渔业水质标准》并参照执行Ⅱ～Ⅲ
	景观娱乐用水区	休闲、度假、娱乐、水上运动所涉及的水域；风景名胜区所涉及的水域	景观、娱乐类型、规模、用水量	执行《景观娱乐用水水质标准》或Ⅲ～Ⅳ
	过渡区	下游用水的水质高于上游水质状况，有双向水流且水质要求不同的相邻功能区之间的水域	水质、水量	出流断面水质达到相邻功能区的水质要求
	排污控制区	接受含可稀释、降解污染物污水的水域；水域的稀释自净能力较强，有能力接纳污水的水域	污水量、污水水质、排污口的分布	出流断面水质达到相邻功能区的水质要求
保留区		受人类活动影响较少、水资源开发利用程度较低的水域；目前不具备开发条件的水域；预留今后发展的水资源区	水域水质及其周边的人口产值、用水量等	按现状水质控制

注：表中所列标准凡未注明者，均指《地表水环境质量标准》（GB 3838—2002）。

7.1.2 水环境规划目标与指标体系

水环境规划目标是指决策者对水环境质量期望达到的环境状况或标准，以明确环境发展的方向和目的。水环境规划的目标主要有水资源保护目标和水污染综合防治目标两大类，二者相辅相成，因此，水污染综合防治，不仅要重视污染的防与治，还要重视合理开发利用和保护水资源。

规划目标需要通过规划指标来具体体现，水环境规划指标体系主要包括水环境质量指标、污染物总量控制指标、环境规划措施与管理指标和其他指标等。

（1）水环境质量指标

水环境质量指标主要包括：①饮用水：水源水质达标率、饮用水源数；②地表水：水质达到地表水环境质量标准的类别或溶解氧、高锰酸盐指数、TN、TP 等；③地下水：达到地下水水质标准的类别或总硬度、溶解性总固体、硝酸盐氮和亚硝酸盐氮等；④海水：水质达到近海海水水质标准类别或化学需氧量（COD）、石油类、无机氮和磷等。

（2）污染物总量控制指标

污染物总量控制指标主要有工业用水量和工业用水重复利用率、新鲜水用量、废水排放总量、工业污水总量、外排量；生活污水总量；工业废水处理量、处理率、达标率，处理回用量和回用率；外排工业废水达标量、达标率；新增工业废水处理能力；万元产值工业废水排放量；废水中污染物［COD、五日生化需氧量（BOD_5）、重金属］的产生量、排放量、去除量。

（3）环境规划措施与管理指标

主要包括污水处理厂建设和处理能力、处理量、处理率及污水排放量；区域水位降深；地面下沉面积、下沉量；水域功能区达标情况；重点污染源治理情况等。

（4）其他指标

主要包括水土流失面积、治理面积；水资源总量、调控量、水利工程、地下水开采等；农药化肥污染土壤面积、污灌面积等。

7.1.3 水污染控制规划的内容

水污染控制规划是指在现状调查和评价的基础上，摸清水环境污染的主要问题，明确水污染控制规划的目标，选定合适的规划方法，形成规划方案并实施的过程。主要包括以下内容。

（1）明确水环境污染的主要问题

通过调查，找出水环境污染的主要问题，包括水量、水质、水资源利用等方面的问题，并分析原因。

（2）明确水环境规划目标

根据国民经济和社会发展需求，同时考虑客观条件，从水质和水量方面拟订水环境规划目标。规划目标的提出需要经过多方案比较和反复论证后才能确定。

（3）选定规划方法

最优化法和模拟优选法是最为常用的两类规划方法，应根据具体水环境规划的内容而定，也是水环境规划的核心。

（4）拟订水污染综合防治措施

可供考虑的措施包括调整产业结构与布局、提高水资源利用率、减少污染物的排放和合理利用水体自净能力等。

（5）方案比选

将各种措施综合起来，提出可供选择的实施方案，经过比选，最终确定方案。

（6）规划实施

只有规划方案最终被采纳与执行，才能体现出其价值与作用，因此，规划的实施也是水环境规划的一个内容。

7.2 水污染源的调查与评价

水污染源调查与评价的目的是弄清水污染物的种类、数量、排放方式、排放途径及污染源的类型和位置等内容，为水污染控制提供依据。

7.2.1 水污染源调查

通常，将水污染源划分为工业水污染源和生活水污染源两方面分别进行调查。

通过工业水污染源调查与分析，查清工业主要污染源和主要污染物的数量以及在各个水域的分布情况，确定重点工业污染源、主要污染行业和重点控制区。主要调查内容包括工业企业产品规模、产值、用水量、废水排放量，特征污染物浓度和排放量，污染治理措施与效率，废水排放去向和排放方式等。

通过生活污染源调查，查清生活污水的产生、收集、处理和排放情况。主要调查内容包括区域人口、人均用水量、人均废水排放量、人均污染物排放量、生活污水的收集率、处理工艺、排放标准和排放去向等。

水污染源调查的方法主要有收集资料法和现场实测法。

7.2.2 水污染源评价

水污染源评价是在水污染源调查的基础上进行的，其目的是确定主要的水污染源和水污染物，提供水环境质量水平及成因，为水环境规划提供依据。

目前，我国水污染源评价多采用等标污染评价法。该方法定义了等标污染指数、等标污染负荷和污染负荷比 3 个特征数。

① 等标污染指数：所排放的某污染物超过该污染物评价标准的倍数，亦称污染物的超标倍数：

$$N_{ij}=\frac{C_{ij}}{C_{0i}} \tag{7-1}$$

式中 C_{ij}——第 j 个污染源第 i 种污染物的排放浓度；

C_{0i}——第 i 种污染物的排放标准；

N_{ij}——第 j 个污染源第 i 种污染物的等标污染指数。

② 等标污染负荷：在等标污染指数的基础上反映了污染物总量概念。

$$P_{ij}=\frac{C_{ij}}{C_{0i}}Q_{ij} \tag{7-2}$$

式中 Q_{ij}——第 j 个污染源含有第 i 种污染物的介质的排放流量；

P_{ij}——第 j 个污染源第 i 种污染物的等标污染负荷。

等标污染负荷与 Q_{ij} 具有相同的量纲。一个含 n 种污染物的污染源的等标负荷数为：

$$P_{i}=\sum_{i=1}^{n}P_{ij}=\sum_{i=1}^{n}\frac{C_{ij}}{C_{0i}}Q \tag{7-3}$$

若某地区有 m 个污染源，该地区第 i 种污染物的总等标污染负荷为：

$$P_{i}=\sum_{j=1}^{m}P_{ij} \tag{7-4}$$

一个地区的所有污染源和污染物的总等标污染负荷为：

$$P_{j}=\sum_{i=1}^{n}\sum_{j=1}^{m}P_{ij} \tag{7-5}$$

③ 污染负荷比：是指某种污染物或某个污染源的等标污染负荷在总的等标污染负荷中所占的比重；是确定某种污染物或某种污染源对环境污染贡献顺序的特征量。

第 j 个污染源内，第 i 种污染物的污染负荷比为：

$$K_{ij}=\frac{P_{ij}}{P_j} \tag{7-6}$$

根据 K_{ij} 可以确定一个污染源内的主要污染物。

一个地区某污染源的污染负荷比为：

$$K_j=\frac{P_j}{P} \tag{7-7}$$

根据 K_j 可以对污染源进行排序。

一个地区某种污染物的污染负荷比为：

$$K_i=\frac{P_i}{P} \tag{7-8}$$

根据 K_i 可以确定一个地区的主要污染物。

该方法的关键问题就是要确定等标污染负荷和污染负荷比，然后在此基础上确定主要污染源和主要污染物。

例 某地有 3 个污染源，废水量和污染物含量如表 7-2 所列：

表 7-2 某地废水量和污染物含量

污染源编号	废水量/(m^3/d)	COD/(mg/L)	氨氮/(mg/L)	悬浮物(SS)/(mg/L)
1	3000	550	200	200
2	1000	880	50	600
3	2000	450	600	300

各污染物允许排放标准分别为 COD=10mg/L，氨氮=5mg/L，SS=50mg/L。试用等标污染评价法确定主要污染物和污染源。

解：第一步，计算污染物的等标污染负荷，见表 7-3。

第二步，计算各污染源的污染负荷比 K_i 和确定各污染源的主要污染物，见表 7-4。

表 7-3 污染物的等标污染负荷

污染源	污染物			等标污染负荷 P
	COD	氨氮	SS	
1	165000	120000	12000	297000
2	88000	10000	12000	110000
3	90000	240000	12000	342000
合计	343000	370000	36000	749000

表 7-4 各污染源的主要污染物

污染源	污染物			主要污染物
	COD	氨氮	SS	
1	55.6%	40.4%	4.0%	COD、氨氮
2	80.0%	9.1%	10.9%	COD
3	26.3%	70.2%	3.5%	氨氮

第三步，计算调查区的主要污染源：

$$K_{COD}=\frac{343000}{749000}\times100\%=45.8\%$$

$$K_{氨氮}=\frac{370000}{749000}\times100\%=49.4\%$$

$$K_{SS}=\frac{36000}{749000}\times100\%=4.8\%$$

因此，全区主要污染物为氨氮和COD。

第四步，计算调查区的主要污染源：

$$K_1=\frac{297000}{749000}\times100\%=39.7\%$$

$$K_2=\frac{110000}{749000}\times100\%=14.7\%$$

$$K_3=\frac{342000}{749000}\times100\%=45.7\%$$

因此，主要污染源为3号，其次为1号。

7.3 水污染物预测

7.3.1 废水排放量预测

(1) 工业废水

用水量和排水量之间存在密切的相关关系，根据规划目标年用水量预测指标推算排水量，表达式如下：

$$Q_t=\alpha c_t G_t \tag{7-9}$$

式中 Q_t——规划目标年工业废水排放量，$\times10^4$ t/a；

G_t——规划目标年工业产值预测值，万元；

α——规划目标年万元工业产值用水系数，$\times10^4$ t/(万元·a)；

c_t——规划目标年工业废水排水系数。

(2) 生活污水

城市生活污水指某城市（镇）除工业废水外，所有排放污水的总和，包括居民生活污水、企事业单位生活污水、公共设施排水、餐饮服务业废污水和景观用途排水等。本节的生活污水预测是指城镇生活污水排放量（包括自各种生活排放源排放到自然水体的水量和自排放源排放到污水处理厂的水量两部分）预测，农村生活污水属非点源范畴。

根据规划目标年城市（镇）生活用水量预测指标，推算排水量，表达式如下：

$$Q_d=365c_d AD_t \tag{7-10}$$

式中 Q_d——规划目标年生活污水排放量，$\times10^4$ t/a；
A——规划目标年人口数量，万人；
D_t——规划目标年人均生活用水量，t/(人·d)；
c_d——生活污水排水系数。

在确定规划目标年排水系数时，不考虑污水处理厂对排水量的影响，可直接采用规划基准年的排水系数（可采用基准年的城镇生活污水排放量除以城镇生活用水量）。

7.3.2 污染物产排量预测

(1) 工业废水污染物排放量

工业废水污染物排放量预测表达式如下：

$$P_{ti}=\beta_t G_t \tag{7-11}$$

式中 P_{ti}——规划目标年工业废水污染物排放量，t/a；
G_t——规划目标年工业产值预测值，万元；
β_t——万元工业产值污染物排放量，t/(万元·a)。

(2) 生活污水污染物产生量

城市（镇）生活污水污染物产生量预测表达式如下：

$$P_{tu}=3.65AE_{tu} \tag{7-12}$$

式中 P_{tu}——规划目标年生活污水污染物产生量，t/a；
A——规划目标年份人口，万人；
E_{tu}——规划目标年人均污染负荷，g/(人·d)。

城镇生活污水人均 COD 产生量推荐范围：60～100g/d，人均氨氮产生量推荐范围 4～9g/d。适当考虑受城镇生活用水方式改变（如节水力度加大）等因素的影响，可以参照各地污染源普查数据进行计算。产生量减去污水处理厂的去除量就得出排放量。

7.3.3 水环境质量预测

水环境质量预测常用的模型见表 7-5。

表 7-5 常用水环境质量预测模型

模型名称	模型公式	说明
完全混合的河流水质预测方法	$c_B=\dfrac{(1-k_1)(q_{v0}c_{B0}+q_v c_{Bi})}{q_{v0}+q_v}$	c_B——河流下游断面污染物浓度，mg/L； q_{v0}——河流上游断面河水流量，m^3/s； c_{B0}——河流上游断面污染物浓度，mg/L； c_{Bi}——流入废水中污染物浓度，mg/L； q_v——废水流量，m^3/s； k_1——污染物削减综合系数，可由上、下断面水质检测资料反求，若不考虑污染物的削减时，$k_1=0$； $c_{B_{max}}$——河流断面污染物最大可能浓度，mg/L；

续表

<table>
<tr><th>模型名称</th><th>模型公式</th><th>说明</th></tr>
<tr><td>一维河流
水质模型</td><td>$c_{B_{max}}=c_B+(c_{Bi}-c_B)\exp\left(-\alpha x^{\frac{1}{3}}\right)$
$\alpha=\phi\xi\left(\frac{D}{q_v}\right)^{\frac{1}{3}}$
$\phi=\frac{L}{L_0}D=\frac{ghv}{2m_bS}$</td><td rowspan="3">$x$——计算断面与排污口的距离，m；
α——系数；
ϕ——河道弯曲系数；
ξ——排放口位置系数（岸边排放口 $\xi=1$，水体内排放口 $\xi=1.5$）；
L——河道的实际长度，m；
L_0——计算断面与排污口的距离，m；
D——扩散系数；
g——重力加速度，m/s^2；
h——河水的平均深度，m；
v——河流断面平均流速，m/s；
S——谢才系数；
m_b——布辛淀斯克系数，一般取 $22.3m/s^2$；
θ——废水在湖泊中的稀释扩散角度，在岸边排放时为180°，在湖心排放时为360°；
H——废水扩散区在湖水中的平均深度，m；
r——预测点距排放口的距离，m；
k_2——污染物自净系数，1/d；
L_0——河流起始点的 BOD 值；
D_0——河流起始点的氧亏值；
D_c——临界点的氧亏值；
t_c——由起始点到达临界点的流行时间；
K_d——河水中 BOD 衰减（耗氧）速度常数；
K_a——河流复氧速度常数</td></tr>
<tr><td>湖泊水质
预测模型</td><td>$c_B=c_{B0}\exp\left(-\frac{k_2\theta H}{2q_v}r^2\right)$</td></tr>
<tr><td>单一河段
S-P 模型</td><td>$t_c=\frac{1}{K_a-K_d}\ln\frac{K_a}{K_d}\left[1-\frac{D_0(K_a-K_d)}{L_0K_d}\right]$
$D_c=\frac{K_d}{K_a}L_0e^{-K_dt_c}$</td></tr>
<tr><td>多河段
BOD 模型</td><td>$Q_{2i}=Q_{1i}-Q_{3i}+Q_i$
$L_{2i}Q_{2i}=L_{1i}(Q_{1i}-Q_{3i})+L_iQ_i$
$L_{1i}=L_{2i-1}e^{-K_{d,i-1}t_{i-1}}$
令$\alpha_i=e^{-K_{d,i}t_i}$ 则$L_{1i}=\alpha_{i-1}L_{2,i-1}$
$L_{2i}=\frac{L_{2,i-1}\alpha_{i-1}(Q_{1i}-Q_{3i})}{Q_{2i}}+\frac{Q_i}{Q_{2i}}L_i$
令$a_{i-1}=\frac{\alpha_{i-1}(Q_{1i}-Q_{3i})}{Q_{2i}}$和$b_i=\frac{Q_i}{Q_{2i}}$
有$L_{21}=a_0L_{20}+b_1L_1$
$L_{22}=a_1L_{21}+b_2L_2+\cdots$
即$\boldsymbol{A}\boldsymbol{L}_2=\boldsymbol{B}\boldsymbol{L}+\boldsymbol{g}$
$\boldsymbol{A}=\begin{bmatrix}1&0&\cdots&\cdots&0\\-a_1&1&0&\cdots&0\\\cdots&\cdots&1&\cdots&\cdots\\\cdots&\cdots&\cdots&\cdots&\cdots\\0&\cdots&0&-a_{n-1}&1\end{bmatrix}$
$\boldsymbol{B}=\begin{bmatrix}b_1&0&\cdots&\cdots&0\\0&b_2&\cdots&\cdots&\cdots\\\cdots&\cdots&\cdots&\cdots&\cdots\\\cdots&\cdots&\cdots&\cdots&0\\0&\cdots&\cdots&0&b_n\end{bmatrix}$
$\boldsymbol{g}=(\boldsymbol{g}_1\ \ 0\ \ \cdots\ \ 0),g_1=a_0L_{20}$</td><td>$Q_i$——第 i 断面进入河流的污水的流量；
Q_{1i}——由上游进入断面 i 的河水流量；
Q_{2i}——由断面 i 输出到下游的河水流量；
Q_{3i}——在断面 i 处的取水流量；
L_i——在断面 i 处进入河流的污水的 BOD 的浓度；
L_{1i}——由上游进入断面 i 的河水的 BOD 的浓度；
L_{2i}——由断面 i 向下游输出的河水的 BOD 的浓度</td></tr>
</table>

续表

模型名称	模型公式	说明
多河段 DO 模型	$L_2=UL+m$ $O_2=VL+n$	每输入一组污水的 BOD(L)值,就可以获得一组对应的河流 BOD 值和 DO 值(L_2 和 O_2)。由于 U 和 V 反映了这种因果变换关系,因此称 U 为河流 BOD 稳态响应矩阵,V 为河流 DO 稳态响应矩阵

7.4 水污染控制规划方法

水污染控制规划过程中，规划方法的选择是核心，决定着规划成败。水污染控制规划方法主要有两种，即最优化法和模拟优选法。

7.4.1 最优化法

最优化法是指运用数学方法研究对象的优化途径，提供优化方案，以便为决策者提供科学决策的依据。评价水污染治理规划方法优劣的关键是在达到预定水质目标的前提下，费用是否最小，这就涉及最优化问题。水污染控制的最优化问题是在污水处理费用并未随着处理技术的改进而提高的背景下提出来的。从水污染控制解决问题的不同途径来看，最优化问题主要可分为排污口最优化处理、最优化均匀处理、区域最优化处理等。

① 排污口最优化处理（水质规划）。排污口最优化处理是指以每个小区的排放口为基础，在满足出水水质的前提下，求解各排放口的污水处理效率的最佳组合，目标是各排放口的污水处理费用之和为最低。在进行排放口处理最优规划时，各个污水处理厂的处理规模不变，它等于各小区收集的污水量。

② 最优化均匀处理（厂群规划）。最优化均匀处理是指在区域范围内，在同一污水处理效率的条件下，寻求最佳的污水处理厂的位置与规模（包括污水处理厂选址、规模及污水管线布局）的组合，追求全区域的污水处理费用最低。在工业发达国家或地区，法律规定所有排入水体的污水都必须经过二级处理（物理处理+生化处理），这是均匀处理最优规划的基础。

③ 区域最优化处理（区域处理最优规划）。区域最优化处理是排污口最优化处理与最优化均匀处理的综合，也就是说，为了使区域污水处理总费用最低，它既要考虑污水处理厂最佳位置和数量，又要考虑每座污水处理厂的最佳处理效率。

7.4.2 模拟优选法

在实际的水环境规划案例中，有时不能获取进行最优化所需的基本资料，在这种情况下，最优化方法不适用，可采用模拟优选法，即通过规划方案的模拟优选来对水污染控制进行规划。规划方案的模拟优选是定性分析与定量计算的结合，先定性确定模拟的范围，再进行定量的模拟计算，最后优选确定最佳方案。应用规划模拟方法得到的解，一般不是区域的最优解，其好坏程度多数取决于规划人员的经验和能力。因此，应用此方法时，尽可能多地提出初步规划方案，以供筛选。模拟优选的工作量往往较大，主要通过计算机完成方案的对比寻优工作。但在很多情况下，规划方案的模拟优选是种更为有效的方法。

7.5 水污染综合防治措施

水污染的本质原因是水污染物的排放量超出了水体自净能力，因此，水污染的防治通常从减少污染物的产生量与排放量和合理利用水体的自净能力两方面进行。

7.5.1 减少污染物的产生量与排放量

减少污染物的产生量主要措施有节约用水和推行清洁生产等；减少污染物的排放量要通过污染物浓度与总量控制相结合的环境管理办法，主要措施包括加强污水处理、控制面源污染等。

(1) 节约用水

水资源浪费不仅加剧水资源短缺的状况，同时又产生大量废水，增加水污染治理负担。节约用水、提高水的重复利用率是缓解供需水矛盾、进行水污染防治最有效的途径。

要全面推进各种节水技术和措施，发展节水型产业。采用先进工艺技术，发展工业用水重复和循环使用系统；开展城市污水再生回用；调整农业结构，进行节水灌溉；实施水权制度，加强水权管理，形成节水机制。同时，应加强节水宣传教育，提高人们的节水意识，必要时，利用价格机制，控制不必要的用水。

(2) 推行清洁生产

① 调整工业结构，推行清洁生产。根据国家产业政策，调整行业结构、产品结构、原料结构、规模结构，逐步淘汰或限制发展耗水量大、水污染排放量大的行业和产品，积极发展对水环境危害小，耗水量小的高新技术产业；以无毒、无害原料替代有毒、有害原料。

② 改革生产工艺，推行清洁生产。实践证明，末端治理的效果并不理想。根据国内外几十年的经验教训，人们提出了“清洁生产”新思路。清洁生产定义为对生产过程和产品实施综合防治战略，以减少对人类和环境的风险。对生产过程，包括节约材料和能源，革除有毒材料，减少污染物的排放量和毒性；对产品来说，则要减小整个生命周期从原材料到最终处理产品对人类健康和环境的影响。

(3) 加强污水处理

在采取措施减少水污染物产生的同时，还要加强末端的污水处理。工业企业还必须加强水污染的治理，尤其是有毒污染物的排放必须单独处理或预处理。随着工业布局、城市布局的调整和城市排水管网的建设和完善，可逐步实现城市污水的集中处理，使城市污水处理与工业废水治理结合起来。

（4）控制面源污染

面源污染主要来自农村，包括农村人口生活、农业生产、畜禽养殖、水产养殖等过程产生的污染。要解决面源污染比解决工业污染和城市生活污水的难度要大，需要通过综合防治和开展生态农业示范工程等措施进行控制。

7.5.2 合理利用水体的自净能力

（1）人工复氧

人工复氧是改善河流水质的重要措施之一，它是借助于安装增氧器来提高河水中的溶解氧浓度。在溶解氧浓度很低的河段使用这项措施尤为有效。人工复氧的费用可表示为增氧机功率的函数。

（2）污水调节

在河流水量低的时期，用蓄污池把污水暂时蓄存起来，待河流水量高时释放，可以更合理地利用河流的自净能力来提高河流的水质。污水调节费用主要是建池费用。缺点是占地面积大、有可能污染地下水等。若蓄存的污水是经过处理的水，可避免或减轻恶臭现象的发生。

（3）河流流量调控

国外对流量调控以及从外流域引水冲污的研究较早，并已应用于河流的污染控制。世界上很多河流的径流量时间上分配不均，在枯水期水质恶化，而在高流量期，河流的自净能力得不到充分利用。因此，提高河流的枯水流量成为水质控制的一个重要措施。实行流量调控可利用现有的水利设施，也可新建水利工程。

习题

在线习题

1. 什么是水环境功能区划？简述区划的方法和步骤。
2. 简述水污染防治规划的内容。
3. 简述水污染源评价的方法。
4. 水污染物预测的内容都有哪些？
5. 论述水污染防治措施。

第 8 章 大气环境规划

8.1 大气环境规划基础

8.1.1 大气环境规划的主要内容与类型

大气环境规划就是为了平衡和协调某一地区的大气环境与社会、经济之间的关系，使大气环境系统功能最优化，最大限度地发挥大气环境系统的功能。大气环境规划是一个多目标规划，涉及生态、环境、经济和社会生活等多个方面。

(1) 大气环境规划的主要内容

① 大气污染源调查和环境质量评价。大气污染源调查和环境质量评价目的是查清规划区的主要污染源和现存的主要大气环境问题。

② 大气环境污染预测。根据经济和社会发展规划进行大气环境污染预测，包括污染源排放的主要污染物及其浓度的时间和空间分布。

③ 大气环境目标的确定。在大气环境现状调查、预测及明确各功能区的基础上，根据规划期内所要解决的主要环境问题和社会经济与大气环境协调发展的需求，确定合理的大气环境保护目标。同时给出表征环境目标的方案，通过投资估算和可行性分析进行反复平衡，最后确定规划目标。

④ 建立大气环境质量模型。确定污染源与环境目标之间的关系，这是直接影响大气总量控制规划方案优劣的主要因素之一。

⑤ 制订大气污染控制方案。实现同一目标的途径一般有多种，每套方案中应包括切实可行的治理措施。

⑥ 方案优选。对各种方案进行环境、经济和社会影响分析，通过决策分析，选择最佳方案。

⑦ 实施规划方案。编制的规划方案只有在实际应用中取得成功，才能证明方案是切实可行的，才能最终体现大气环境规划的目标。

(2) 大气环境规划的类型

① 大气环境质量规划。大气环境质量规划是以城市总体规划和大气环境质量标准为依据，规定了城市不同功能区主要大气污染物的浓度限值。它是城市大气环境管理的基础，也是城市建设总体规划的重要组成部分。大气环境质量规划模型主要是建立污染源排放和大气环境质量之间的关系。

② 大气污染控制规划。大气污染控制规划是指实现大气环境质量的方案。大气污染控制规划的内容和目的因城市大气污染程度的不同而有所区别。对于新建或污染较小的城市，大气污染控制规划可根据城市的性质、发展规模、工业结构、产品结构、资源状况、大气污染控制技术等，结合城市总体规划中其他专业规划合理布局，一方面为城市及其工业的发展提供足够的环境容量，另一方面提出可以实现的大气污染物排放总量控制方案。

对于已经受到污染或部分污染的城市，大气污染控制规划的目的则主要是寻求实现城市大气环境质量规划的便捷、经济、可行的技术方案和管理方案。

大气环境污染控制模型是在设计气象条件下，建立污染源排放与大气环境质量间的相应关系。设计气象条件是指综合考虑气象条件、环境目标、经济技术水平、污染特点等因素后，确定的较不利（以保证率给出）气象条件。

8.1.2 大气环境规划目标与指标体系

大气环境规划目标的制订要根据国家要求和规划区域（省域、市域、城镇等）的性质功能，从实际出发，既不能超出本规划区域的经济技术发展水平，又要满足人民生活和生产所必需的大气环境质量。可采用费用效益分析方法确定最佳控制水平。

大气环境规划指标体系通常包含以下几个方面：

(1) 气候气象指标

大气环境质量与气候、气象因素具有很大的相关性，因此，进行环境规划时需要首先了解基础大气资料。气候气象指标主要包括气温、气压、风向、风速、风频、日照、大气稳定度和混合层高度等。

(2) 大气环境质量指标

主要指标包括总悬浮物（TSP)、飘尘、SO_2、降尘、NO_x，CO、光化学氧化剂、臭氧、氟化物、苯并芘和细菌总数等。

(3) 大气污染控制指标

主要指标包括废气排放总量、SO_2 排放量及回收率、烟尘排放量、工业粉尘排放量及回收量、烟尘及粉尘的去除率、CO 排放量、NO_x 排放量、光化学氧化剂排放量、烟尘控制区覆盖率、工业废气达标率和汽车尾气达标率等。

(4) 城市环境建设指标

主要指标包括城市气化率、城市集中供热率、城市型煤普及率、城市绿地覆盖率和人均公共绿地等。

(5) 城市社会经济指标

主要指标包括国民生产总值、人均国民生产总值、工业总产值、各行业产值、各行业能耗、生活耗煤量、万元工业产值能耗、城市人口数量、分区人口数量、人口密度及分布和人口自然增长率等。

8.2 大气环境污染源调查与评价

8.2.1 大气污染物与污染源

大气污染通常指由于人类活动和自然过程引起某种物质进入大气中，呈现足够的浓度，达到了足够的时间并因此危害了人体的舒适、健康和福利或危害了环境的现象。人类活动包括生产活动和生活活动两方面。

大气污染物是指人类活动或自然过程产生排入大气的并对人类或环境产生有害影响的物质。大气污染物种类很多，根据其存在的特征可分为气溶胶状污染物和气体状态污染物两类，前者主要表现为 PM_{10}、降尘、TSP、$PM_{2.5}$ 等；后者主要有 SO_2、NO_x、CO_x、碳氢化合物和卤族化合物等。

大气污染物的发生源或排放装置称为大气污染源。大气污染源也分为人为污染源和自然污染源，在大气污染控制工程或大气环境规划中，主要对象是人为污染源。按照人们的社会活动，人为污染源通常又可分为工业污染源、生活污染源和交通污染源，前两类污染源统称为固定源，交通污染源则称为流动源。

另外，按污染源的几何形状，可分为点源、线源、面源和体源；按污染源的几何高度可分为高架源、中架源和低架源；按污染源排放污染物时间的长短，可分为连续源、瞬时源；按污染源排放形式可分为有组织排放源和无组织排放源。

8.2.2 大气污染源的调查

大气污染源调查的目的是弄清规划区污染的主要来源，一般按工业污染源、生活污染源和交通污染源进行分类和调查。如有近期的“工业污染源调查资料”，一般可直接选用，而生活污染源和交通污染源的调查则可结合规划区的具体情况进行。但是，调查所得的基础资料和数据，必须能满足环境污染预测与制订污染综合整治方案的需要。主要包括以下几方面：

① 画出污染源分布图。画出规划区域范围内的大气污染源分布图，标明污染源的位置、排放方式，并列表给出各主要参数。高的、独立的烟囱一般作点源处理；无组织排放源及数量多、排放源不高且源强不大的排气筒一般作面源处理（一般把源高低于 30m、源强小于 0.04t/h 的污染源列为面源）；繁忙的公路、铁路、机场跑道一般作线源处理。

② 点源调查统计内容。主要包括：排气筒底部中心坐标（一般按国家坐标系）及分布平面图；排气筒高度（m）及出口内径（m）；排气筒出口烟气温度（℃）；烟气出口速度（m/s）；各主要污染物正常排放量（t/a、t/h 或 kg/h）。

③ 面源调查统计内容。将规划区在选定的坐标系内网格化。网格单元，一般可取 1000m×1000m，规划区较小时，可取 500m×500m，按网格统计面源的如下参数：主要污染物排放量 [t/(h·km^2)]；面源排放高度（m），如网格内排放高度不等时，可按排放量加权平均取平均排放高度；面源分类，如果面源分布较密且排放量较大，当其高度差较大时，可按不同高度将面源分为 2～3 类。

8.2.3 大气污染源的评价

根据污染源的类型、性质、排放量、排放特征及相对位置和当地的风向、风速等气象资料，分析和估计他们对规划区域的影响程度，并通过污染源的评价，确定出该规划区域的主要污染源和主要污染物。

大气污染源的评价常采用等标污染负荷法和污染物排放量排序的方法。

① 等标污染负荷法：采用等标污染负荷法对区域工业污染源进行评价，用等标污染负荷法对污染源及污染物进行评价并排序。

② 污染物排放量排序：污染物排放量排序是直接评价某种污染物的主要污染源的最简单方法。采用总量控制规划法时，针对区域总量控制的主要污染物，对排放主要污染物的污染源进行总量排序。

针对主要污染物的排放量对污染源进行排序的方法很简单，首先要有污染源排放量清单，然后排序。排序后，可选出占污染物排放总量 90%以上的污染源，按此制订总量控制规划。

8.3 大气污染预测

在进行大气污染预测时，首先应确定主要大气污染物以及影响排污量增长的主要因素；然后预测排污量增长对大气环境质量的影响。因此，大气污染预测主要包括两部分内容，即污染源排放量（源强）预测和大气环境质量变化预测。

8.3.1 大气污染源源强预测

对瞬时点源，源强就是一次排放的总量；对连续点源，源强就是在单位时间里的排放量。预测大气污染源源强的一般模型为：

$$Q_i=K_iW_i(1-\eta_i) \tag{8-1}$$

式中 Q_i——源强，对瞬时排放源以 kg 或 t 计，对连续稳定排放源以 kg/h 或 t/d 计；

K_i——某种污染物的排放因子；

W_i——燃料的消耗量，对固体燃料以 kg 或 t 计，对液体燃料以 L 计，对气体燃料以 $100m^3$ 计，时间单位以 h 或 d 计；

η_i——净化设备对污染物的去除效率，%；

i——污染物的编号。

8.3.2 大气环境质量预测

大气环境质量预测常用的模型见表 8-1。

表 8-1 常用大气环境质量预测模型

<table>
<tr><th colspan="2">模型名称</th><th>模型公式</th><th>说明</th></tr>
<tr><td colspan="2">箱式模型</td><td>$\rho_B=\rho_{B0}+\frac{Q}{uLH'}$</td><td rowspan="5">$\rho_B$——预测区大气污染浓度，$mg/m^3$；
ρ_{B0}——预测区大气污染物浓度背景值，mg/m^3；
Q——源强，t/a；
u——风速，m/s；
L——箱体长度，m；
H'——预测区混合层高度，m；
$\bar{u}$——平均风速，m/s；
H——有效源高，m；
σ_y、σ_z——污染物在 y、z 方向上的标准差，m；
Q_L——线源源强，g/(m·s)；
θ——无线长线源与风向夹角，(°)；
x——预测点距污染源距离，m；
y——横风向距污染源距离，m；
z——垂直向距离，m；
x_0——构建虚拟点源距污染源距离，m；
α——反射系数；
v_g——粒子沉降速度，m/s</td></tr>
<tr><td rowspan="4">高斯模型法</td><td>高架连续点源高斯扩散模式</td><td>$\rho_B(x,y,z,H)=\frac{Q}{2\pi\bar{u}\sigma_y\sigma_z}\exp\left(-\frac{y^2}{2\sigma_y^2}\right)\times\left\{\exp\left[-\frac{(z-H)^2}{2\sigma_z^2}\right]+\exp\left[-\frac{(z+H)^2}{2\sigma_z^2}\right]\right\}$</td></tr>
<tr><td>高架连续点源地面浓度的高斯扩散模式</td><td>$\rho_B(x,y,0,H)=\frac{Q}{\pi\bar{u}\sigma_y\sigma_z}\exp\left(-\frac{y^2}{2\sigma_y^2}\right)\exp\left(-\frac{H^2}{2\sigma_z^2}\right)$</td></tr>
<tr><td>高架连续点源地面轴线浓度的高斯扩散模式</td><td>$\rho_B(x,0,0,H)=\frac{Q}{\pi\bar{u}\sigma_y\sigma_z}\exp\left(-\frac{H^2}{2\sigma_z^2}\right)$</td></tr>
<tr><td>高架连续点源地面轴线最大浓度模式</td><td>$\rho_{B_{max}}=\frac{2Q}{\pi\bar{u}H^2e}\times\frac{\sigma_z}{\sigma_y}\quad \sigma_z\big|_{x=x_{\rho_{B_{max}}}}=\frac{H}{\sqrt{2}}$</td></tr>
</table>

续表

模型名称		模型公式	说明
高斯模型法	地面连续点源扩散模式	$\rho_{B}(x,y,z,0)=\frac{Q}{\pi\bar{u}\sigma_{y}\sigma_{z}}\exp\left(-\frac{y^{2}}{2\sigma_{y}^{2}}\right)\exp\left(-\frac{z^{2}}{2\sigma_{z}^{2}}\right)$	
线源扩散模式		$\rho_{B}=\frac{\sqrt{2}Q_{L}}{\sqrt{\pi}\bar{u}\sigma_{z}\sin\theta}\exp\left(-\frac{H^{2}}{2\sigma_{z}^{2}}\right)\ (\theta>45°)$	
面源扩散模式		$\rho_{B}=\frac{\sqrt{2}Q}{\sqrt{\pi}\bar{u}\sigma_{z}}\times\frac{1}{\frac{\pi}{8}(x+x_{0})}\exp\left(-\frac{H^{2}}{2\sigma_{z}^{2}}\right)$	
总悬浮微粒扩散模式		$\rho_{B}=\frac{Q(1+\alpha)}{2\pi\bar{u}\sigma_{y}\sigma_{z}}\exp\left(-\frac{y^{2}}{2\sigma_{y}^{2}}\right)\exp\left[-\frac{(H-v_{g}x/\bar{u})^{2}}{2\sigma_{z}^{2}}\right]$	

8.4 大气污染物总量控制方法

大气污染物总量控制是通过控制给定区域污染源排放总量，并优化分配到污染源来确保控制区大气环境质量满足相应的环境目标值的一种方法。大气总量控制绝不仅仅是一种将总量削减指标简单地分配到污染源的技术方法，而是将区域定量管理和经济学的观点引入环境保护中的考虑手段。大气污染物排放总量控制是大气环境管理的重要手段。

8.4.1 A-P 值法

A-P 值法是根据国家颁布的《制定地方大气污染物排放标准的技术方法》(GB/T 3840—91)，用 A 值法计算控制区域中允许排放总量，用修正的 P 值法分配到每个污染源的一种方法。它直接将 P 值控制方法结合到总量控制方法中，不仅使未来的总量控制吸收了 P 值控制法的优点，而且直接对污染源用国家正式颁布的标准加以评价，起到了基础平衡的作用。

① A 值法。A 值法属于地区系数法，只要给出控制区总面积或几个功能分区的面积，再根据当地总量控制系数 A 值，就能很快地算出该面积上的总允许排放量。

$$Q_{a}=\sum_{i=1}^{n}Q_{ai}$$

$$Q_{ai}=A_{i}\frac{S_{i}}{\sqrt{S}}$$

$$A_{i}=Ac_{si} \tag{8-2}$$

式中 Q_a——区域内某种类污染物年允许排放总量限值，也是城市理想大气容量，10^4t/a；

Q_{ai}——第 i 个分区内某种类污染物年允许排放总量限值，10^4t/a；

A——地理区域性总量控制系数，10^4km^2/a；

A_i——第 i 个分区内某种污染物总量控制系数，10^4km^2/a；

S——控制区域总面积，km^2；

S_i——第 i 个分区面积，km^2；

c_{si}——第 i 个分区某种污染物的年平均浓度限值，mg/m^3，计算时减去本底浓度。

② P 值法。P 值法是一种烟囱排放标准的地区系数法，给定烟囱有效高度 H_e(m) 和当地点源排放系数 P，便可算出该烟囱允许排放率 Q_{pi}(t/h)，烟囱有效高度 H_e 的点源允许排放：

$$Q_{pi}=Pc_{si}\times10^{-6}H_e^2 \tag{8-3}$$

8.4.2 平权分配法

平权分配法是基于城市多源模式的一种总量控制方法，它是根据多源模式模拟各污染源对控制区域中筛选出来的控制点的污染物浓度贡献率，若控制点处的污染物浓度超标，根据各源贡献率进行削减，使控制点处的污染物浓度符合相应环境标准限值的要求。控制点是标志整个控制区域大气污染物浓度是否达到环境目标值的一些代表点，这些点的浓度达标情况应能很好地反映整个控制地区的大气环境质量状况。

8.4.3 优化方法

优化方法是将大气污染控制对策的环境效益和经济效益结合起来的一种方法，它将大气污染总量控制落实到防治对策和防治经费上，运用系统工程的理论和原则，制订出大气环境质量达标的前提下，治理费用较小的大气污染总量控制方案。优化方法同样利用城市多源模式模拟污染物的扩散过程，建立数学模型，设定目标函数，在控制点浓度达标的约束条件下，求使目标函数最大（或最小）的最优解。

8.5 大气污染防治措施

(1) 全面规划、合理布局

从区域（或城市）大气环境整体出发，针对该区域（或城市）内的大气环境容量、主要污染问题（如污染类型、程度、范围等）及大气环境质量的要求，以改善大气环境质量为目标，综合运用各种措施，组合、优化确定大气污染防治方案。制订大气污染综合防治规划，是全面改善城市大气质量环境的重要措施。

合理布局是预防大气污染的重要手段。根据区域的自然环境与环境质量特征，合理布局污染源与大气环境保护目标，能大大降低大气污染的影响，这也是编制环境规划时应重点解决的问题。

(2) 以集中控制为主，降低污染物排放量

所谓集中控制，就是从区域的整体着眼，采取宏观调控和综合防治措施。集中控制不仅能节约资源和能源（如煤、油、气等），还便于采取污染防治措施并提高污染物的处理率。如：调整工业结构，改变能源结构，集中供热，发展无污染少污染的新能源（太阳能、风能、地热等），集中加工和处理燃料，采取优质煤（或燃料）供民用的能源政策等。

对局部污染物，如工业生产过程排放的大气污染物，工业粉尘，制酸及氮肥生产排放的 SO_2、NO_x、HF 等，则要因地制宜采取分散防治措施。

(3) 强化污染源治理，降低污染物排放

我国目前的能源结构仍以煤为主，若不进行污染源治理，就不可能彻底控制污染。注意集中控制，同时还应研发先进的处理技术，强化污染源治理，包括烟尘治理技术、二氧化硫治理技术、氮氧化物治理技术等。

(4) 综合防治汽车尾气

随着经济持续地高速发展，我国汽车的保有量不断增加，特别是在大城市表现得更为明显，汽车尾气的污染逐渐显现，研究表明，汽车尾气是大气污染物——$PM_{2.5}$ 的来源之一。防治汽车尾气的主要措施有：①加强立法和管理，建立、健全机动车污染防治的法规体系并严格执行；②提高汽油品质并研发新型清洁燃料，使机动车达到节能、降耗、减少污染物排出量的目标；③大力发展公共交通事业，倡导绿色出行。

习题

在线习题

1. 简述大气环境规划的主要内容与类型。
2. 大气环境规划的指标都有哪些？
3. 简述大气污染源调查与评价的内容。
4. 大气污染物总量控制方法有哪些？
5. 简述大气污染防治措施。

第9章
固体废物管理规划

9.1 固体废物概述

9.1.1 固体废物及其分类

固体废物是指人类在生产建设、日常生活和其他活动中产生的，在一定时间和地点无法利用而丢弃的污染环境的固体、半固体物质。其概念具有时间性和空间性。一种过程的废物随着时空条件的变化，往往可以成为另一过程的原料，所以废物又有“放在错误地点的原料”之称。

固体废物按化学组成可分为有机废物和无机废物；按物理形态可分为固态废物和半固态废物；按危险程度可分为危险废物和一般废物等。

根据《中华人民共和国固体废物污染环境防治法》，固体废物分为城市生活垃圾、工业固体废物和危险废物。

(1) 城市生活垃圾

又称城市固体废物，它是指在城市居民日常生活中或为城市日常生活提供服务的活动中产生的固体废物，主要包括居民生活垃圾、办公和商业垃圾等。其特点是成分复杂，有机物含量高，所含化学元素大部分为碳，其次是氧、氢、氮、硫等。

(2) 工业固体废物

是指在工业生产、交通等过程中产生的固体废物，又称工业废渣或工业垃圾，主要包括冶金工业固体废物、能源工业固体废物、石油化学工业固体废物、矿业固体废物、轻工业固体废物以及其他工业固体废物。不同工业类型所产生的固体废物种类和性质是迥然相异的。

(3) 危险废物

危险废物是指列入国家危险废物名录或者根据国家规定的危险废物鉴别标准和鉴别方法认定的具有危险特性的废物。

危险废物的特性，包括急性毒性、易燃性、反应性、腐蚀性、浸出毒性和疾病传染性。联合国环境规划署《控制危险废物越境转移及其处置巴塞尔公约》列出了“应加控制的废物类别”共45类，“须加特别考虑的废物类别”共2类，同时列出了危险废物“废物共性的清单”共14种特性。

9.1.2 固体废物的危害

(1) 固体废物的环境影响

露天存放或者填埋处置的固体废物，其中的化学有害成分可通过不同途径释放到环境中，主要表现在以下三个方面。

① 对大气环境的影响。堆放的固体废物中的细微颗粒、粉尘等可随风飞扬，从而对大气环境造成污染。其中某些物质的分解和化学反应，还可以不同程度地产生毒气或恶臭，造成地区性空气污染。

② 对水环境的影响。固体废物随天然降水和地表径流进入江河湖泊或随风飘落入水体，会引起地表水污染；渗沥水进入土壤，进一步污染地下水；直接排入河流、湖泊或海洋，又会造成更大的水体污染。另外，向水体倾倒固体废物还将缩减江河湖面有效面积，使其排洪和灌溉能力有所降低。

③ 对土壤环境的影响。固体废物，尤其是工业固体废物中有毒物质的流失，会对土壤造成严重污染。

(2) 固体废物对土地资源的影响

大量固体废物的堆积会占用土地资源，应进行有效处理与利用。

(3) 固体废物对人体健康的影响

固体废物中有害物质可通过环境介质——大气、土壤或地下水体等直接或间接传至人体，造成健康威胁。例如，化学废物的长期暴露，可能对人类健康有不良影响。

9.1.3 固体废物污染防治原则与规划主要指标

(1) 固体废物污染防治原则

① 源头控制优先，促进清洁生产。从源头更新工艺、提高原材料利用效率、推广清洁能源使用，引导控制固体废物产生，促进清洁生产。

② 因地制宜，因废制宜。立足于规划区域的实际情况，科学客观分析固体废物处理处置状况和存在的问题，合理选用处理处置技术方法。

③ 开展多种途径资源化利用，实施产业化发展。在努力实现固体废物减量化目标的同时，切实开展固体废物利用的产业化工作，逐步将固体废物污染防治重心前移，进行源头消减和产业化利用。

④ 全过程控制管理，防止污染转嫁。对固体废物进行全过程管理，将生产排放的固体废物处理纳入整个生产生命周期中，严格控制固体废物转移他处。

⑤ 集中治理与点源治理相结合。

(2) 固体废物污染防治规划主要指标

① 生活垃圾无害化处理率、生活垃圾资源化率、生活垃圾分类收集率；

② 工业固体废物减量率、工业固体废物综合利用率、工业固体废物处置利用率；

③ 危险废物处置利用率、城镇医疗垃圾处理率。

9.2 固体废物的现状调查

(1) 生活垃圾现状调查

调查内容包括城市概况、生活垃圾产生特征。垃圾收集方式、环境卫生体系建设概况、无害处理设施建设、回收体系建设。垃圾无害化处理量（率）和回收利用量（率）等。

(2) 工业固体废物现状调查

调查内容包括工业固体废物中有害物质的种类、工业固体废物的种类、产生量、利用量、流向、贮存、处理与处置等。

(3) 危险废物现状调查

调查内容包括危险废物种类与产生量，危险废物的收集、运输、综合利用、贮存和处理处置情况，危险废物安全处置率等。

9.3 固体废物产生量预测

9.3.1 生活垃圾产生量预测

生活垃圾产生量主要与经济发展和人口增长率有关，预测的数学模型如下：

$$W=GK_0(1+\alpha)^{\Delta t} \tag{9-1}$$

式中 W——预测年垃圾产生量，t/a；

G——预测年人口数，人；

K_0——基准年人均垃圾产生量，t/(人·a)；

α——人均垃圾增长量，无量纲；

Δt——预测年与基准年之差，a。

9.3.2 工业固体废物产生量预测

工业固体废物产生量预测主要是根据工业经济发展和数量统计方法预测，具体采用工业产值排污系数、产品排污系数等方法。

① 工业产值排污系数预测法

$$(DW)_t = W_t S_t$$

$$W_t = W_0 \exp(\lambda \Delta t)$$

$$S_t = S_D e^{-k\Delta t} \tag{9-2}$$

式中 $(DW)_t$——预测工业固体废物年产生量，$\times 10^4$ t/a；

W_t——预测年工业产值，万元；

W_0——基准年工业总产值，万元/a；

S_t——预测年工业固体废物产生当量，$\times 10^4$ t/万元；

S_D——基准年固体废物产生当量，$\times 10^4$ t/万元；

λ——工业总产值平均增长率，%；

k——工业固体废物产生当量衰减系数。

② 产品排污系数预测法。产品排污系数预测法中排污系数需考虑科学技术进步对废物产生量的影响，引入衰减系数；通过主要行业产品预测出的固体废物产生量除以基准年该类废物在主要行业中的产生系数，即为规划年该类废物产生量。

9.3.3 危险废物产生量预测

危险废物预测常用的方法包括应用数理统计建立线性或者非线性回归方程，或采用单位产品排污（危险废物）系数或万元产值系数进行预测等。按照工业总产值、危险废物的排污系数，可以采用危险废物年产生量预测数学模型，表达式如下：

$$Q = AW_t \tag{9-3}$$

$$W_t = W_0 \exp(\lambda \Delta t) \tag{9-4}$$

式中 Q——预测危险废物年产生量，t/a；

A——万元产值危险废物产生量，t/万元；

W_t——预测年工业产值，万元；

W_0——基准年工业总产值，万元/a；

λ——工业总产值平均增长率，%。

9.4 固体废物污染的防治对策

9.4.1 生活垃圾的防治对策

① 从源头上控制城市生活垃圾的产生量。比如，逐步改革城市燃料结构（包括民用与工业用），实行“净菜进城”，控制工厂原料的消耗定额，提高产品的使用寿命等。

② 统筹安排建设城乡生活垃圾收集、运输和处置设施，开展综合利用。要解决生活垃圾污染环境问题，首先要有完善的收集、运输和处置设施。由于生活垃圾是人们日常生活中产生的，散布于居民周围，要进行处置或回收利用，关键的一点是要通过适当的方法（如垃圾的分类收集）建设科学的分类收集设施，将生活垃圾聚集在一起，然后通过运输设施，运送到与该垃圾种类、数量、危害性相适应的集中处置场所或者予以回收利用。要把城市生活垃圾作为资源和能源来对待，让生活垃圾再度回到物质循环圈内，打破不文明的大规模生产、大规模消费、大规模产生废物的生活方式，尽量建设一个资源的闭合循环系统。

③ 提出处置方案。在开展了源头减量和资源循环利用之后，对实在不能利用的，经压缩和无害化处理之后，进行符合环境要求的最终处置，如卫生填埋。

9.4.2 工业固体废物的防治对策

① 制定并执行防治工业固体废物污染环境的技术政策。要防治工业固体废物污染环境，相关技术政策（如《危险废物污染防治技术政策》《废电池污染防治技术政策》等）是重要的一项内容。从实际执行情况看，技术政策在促进和支持工业固体废物污染环境防治工作、加强管理和技术选择应用、引导相关产业发展等方面发挥了积极的作用。

② 从源头控制，减少工业固体废物产生量，调整产业结构，减少高资源消耗。减少高污染排放的企业，减少固体废物的产生。组织推广先进的防治工业固体废物污染环境的生产工艺和设备，积极推进企业清洁生产。通过改进工艺、提高原材料利用效率、加强生产环节的环境质量管理，减少废物的产生，促进各类废物在企业内部的循环使用和综合利用。

③ 提高工业固体废物的利用率。工业固体废物的综合利用，是资源化的重要环节。建立起原料和能源循环利用系统，使各种资源能够最大限度地得到利用。建设大规模消纳利用工业固体废物的行业，如建材行业、冶金行业和环保产业。

④ 加强安全处置。对于目前无法开发利用的工业固体废物，要建设最终安全处置中心处理。处置中心建设要尽可能考虑区域联合建设原则，同时充分考虑地区已初选的固体废物处置设施选点以及各区域产生量中心的分布密度和需处置量。

9.4.3 危险废物的防治对策

① 确定危险废物的名称与种类。经过调查分析，要确定规划区域的危险废物名称与种类，制订危险废物重点监管单位名单，加强对重点监管单位的管理。

② 危险废物的减量化与资源化。通过经济和其他政策措施促进企业清洁生产，重视任何产生危险废物的工艺过程，防治和减少危险废物产生。

对已产生的危险废物应首先考虑回收利用，减少后续处理处置的负荷。回收利用过程应达到国家和地方有关规定的要求，避免二次污染。

③ 危险废物的收集、运输与贮存。危险废物要根据其成分，选用合适的方法，并用符合国家标准的专门容器分类收集。鼓励发展安全高效的危险废物运输系统。

对已产生的危险废物，若暂时不能回收利用或进行处理处置的，其产生单位须建设专门的危险废物贮存设施进行贮存，并设立危险废物标志，或委托具有专门危险废物贮存设施的单位进行贮存，贮存期限不得超过国家规定。贮存危险废物的单位需拥有相关的许可证，禁止将危险废物以任何形式转移给无许可证的单位，或转移到非危险废物贮存设施中。危险废物贮存设施应有相应的配套设施并按有关规定进行管理。

④ 危险废物的最终处置。危险废物的最终处置主要采用焚烧和安全填埋的方法。危险废物焚烧可实现危险废物的减量化和无害化，并可回收利用其余热。危险废物安全填埋处置适用于不能回收利用其组分和能量的危险废物。

9.5 固体废物管理规划方案的综合评价

固体废物管理规划方案综合评价的一个重要方法就是成本效益分析。若规划项目不实施，则会产生一定的经济损失，而实施了该工程项目则可减少经济损失。这是环境经济评价货币化的理论基础。

固体废物造成的经济损失可以从土地损失、水资源、对人体健康影响等方面的经济损失分析评价。

(1) 土地损失

$$L=\sum_{i=1}^{n}s_i p_i \tag{9-5}$$

式中 L——被堆占土地的经济损失，元；

s_i——堆占土地的面积，亩；

p_i——单位土地面积的价格，元/亩；

n——被堆占土地类型，每个类型土地价格看成是一致的。

因固体废物引起土壤污染导致农作物经济损失为：

$$L_a = \sum_{i=1}^{n} s_i (\Delta y_i c_i + \Delta c_i y_i) \tag{9-6}$$

式中 L_a——被污染土壤引起农作物损失费用，元/年；

s_i——污染较严重的土地及受影响的土地面积，亩；

y_i——某农作物主、副产品产量，kg/亩；

Δy_i——某农作物主、副产品减产量，kg/亩；

c_i——某农作物主、副产品价格，元/kg；

Δc_i——某农作物主、副产品因为污染的价格降低量，元/kg；

n——农作物种类。

(2) 水资源损失

固体废物堆积影响地下水水源水质以及下游河段的水质，使水井和取水口报废，经济损失为：

$$L_w = P_0 Q l_w \tag{9-7}$$

式中 L_w——断水经济损失，元/年；

P_0——影响人口数，人；

Q——人均生活用水量，m^3；

l_w——单位供水量经济损失。

农作物由于灌溉水受污染而减产的损失为：

$$L_w = \sum_{i=1}^{n} s_i (\Delta y_i c_i + \Delta c_i y_i) \tag{9-8}$$

式中 L_w——灌溉水受污染引起农作物损失费用，元/年；

s_i——受影响灌溉面积，亩；

y_i——主、副产品产量，kg/亩；

Δy_i——受污染水灌溉后主、副产品减产量，kg/亩；

c_i——某农作物主、副产品价格，元/kg；

Δc_i——受污染水灌溉后某农作物主、副产品价格降低量，元/kg；

n——农作物种类。

(3) 对人体健康影响的经济损失

固体废物会引起水体污染、大气污染、放射性污染甚至流行病暴发，在估计环境经济损失时，都会涉及对人的健康影响。评价工作的前提是确认固体废物与诱发疾病、造成死亡有直接关系。

习题

在线习题

1. 固体废物是如何分类的？
2. 简述固体废物的危害。
3. 固体废物的产生量如何预测？
4. 按固体废物的类别简述其防治对策。
5. 固体废物管理规划方案如何评价？

第 10 章 生态规划

10.1 生态规划概述

10.1.1 生态规划的概念

生态规划发展迅速，其应用的领域和范围也不断扩大，其概念至今尚无统一的认识。不同学者在不同时期结合各自的研究工作对生态规划提出不同的定义。

20 世纪 60 年代初，美国宾夕法尼亚大学学者麦克哈格认为："生态规划是在没有任何有害的情况下，或多数无害条件下，对土地的某种可能用途，确定其最适宜的地区。符合此种标准的地区便认定本身适宜于所考虑的土地利用。利用生态学理论而制订的符合生态学要求的土地利用规划称为生态规划"。日本一些学者则将生态规划定义为生态学的土地利用规划。这一时期的定义偏重土地的空间结构布局和合理利用方面。

随着生态学的不断发展和向社会经济各个领域的广泛深入，特别是复合生态系统理论的不断完善，生态规划也由土地利用规划、空间结构布局等方面逐步扩展到经济、人口、资源、环境等诸多方面。

我国著名生态学家王如松认为：生态规划就是要通过生态辨识和系统规划，运用生态学原理、方法和系统科学手段去辨识、模拟、设计生态系统内部各种生态关系，探讨改善系统生态功能，促进人与环境关系持续协调发展的可行的调控政策。生态规划本质是一种系统认识和重新安排人与环境关系的复合生态系统规划。

欧阳志云从区域发展角度指出，生态规划系指运用生态学原理及相关学科的知识，通过生态适宜性分析，寻求与自然和谐、资源潜力相适应的资源开发方式与社会经济发展途径。

王祥荣认为生态规划是以生态学原理和规划学原理为指导，应用系统科学、环境科学等多学科手段辨识、模拟和设计人工复合生态系统的各种关系，确定资源开发利用与保护的生态适宜度，探讨改善系统结构与功能的生态建设对策，促进人与环境关系持续、协调发展的一种规划方法。

综上，生态规划是以生态学原理为指导，应用系统科学、环境科学等多学科手段辨识、模拟和设计生态系统内部各种生态关系，确定资源开发利用和保护的生态适宜性，探讨改善系统结构和功能的生态对策，促进人与环境系统协调、持续发展的规划方法。

10.1.2 生态规划的目标

生态规划的对象是社会-经济-自然的复合生态系统，通过探索不同层次生态系统发展的动力学机制和控制论方法，辨识系统中局部与整体、眼前与长远、环境与发展、人与自然的矛盾冲突关系，寻找调和这些矛盾的技术手段、规划方法、管理工具。具体目标包括以下几个方面：

① 实现人类与自然环境的和谐共处。使人口的增长与社会经济和自然环境相适应；使土地利用与区域环境条件相适应，并符合生态法则；使人工化环境结构内部比例更加协调。

② 实现城市与区域发展的同步化。城市发展离不开区域背景，城市的活动有赖于区域的支持。因此，城市生态规划调节城市生态系统的活性，增强其在区域环境中的稳定性，使城市人工环境与区域自然环境更加和谐。

③ 实现城市经济、社会、生态的可持续发展。城市生态规划的目的不仅仅是为城市居民提供良好的生活、工作环境，还要使城市的经济、社会在环境承载力允许的范围内，促进城市整体意义上的可持续发展。

10.1.3 生态规划的主要类型

(1) 按地理空间尺度划分

① 区域生态规划。主要任务是编制区域自然、社会、经济和生态目录；对区域发展的中长期规划制订要点，特别是提出可供选择的土地利用及基础性公共设施、社会设施、交通运输等方案。

② 景观生态规划。主要是在景观生态分析、综合及评价的基础上，提出景观最优利用方案、对策与建议。强调空间格局对生态的控制和影响，通过调整景观格局来维持景观功能的健康和安全。

③ 生物圈保护区规划。主要目标是保证生物圈现有生物多样性的完整和永续利用。应用生态学原理正确处理保护、开发、利用的关系，将保护、科研、生产、旅游等多层次、多目标规划有机结合，指导保护区的建设。

(2) 按地理环境和生存环境划分

主要有陆地生态系统、海洋生态系统、城市生态系统、农村生态系统等生态规划。

(3) 按社会科学门类划分

主要有经济生态规划、人类生态规划、民族文化生态规划等。其中经济生态规划发展较快，成为区域经济发展规划的重要组成部分。

10.1.4 生态规划的步骤

生态规划目前尚无统一的工作程序。麦克哈格在《设计结合自然》(Design with Nature) 一书中提出了规划的生态学框架，并通过案例研究，对生态规划的工作程序及应用进行了探讨，对后来的生态规划影响很大，也成为生态规划的一个思路。该方法分为以下几个步骤：

① 确定规划范围与规划目标；

② 收集资料，并分析资源环境条件的性能及其对特定利用方向的适宜性等级；

③ 根据规划目标，建立资源评价与分级的准则；

④ 分析和评价资源对不同利用方向的生态适宜性；

⑤ 确定规划方案。

10.1.5 生态规划的主要内容与方法

(1) 生态调查

生态调查通常包括实地调查、历史资料收集、社会调查和遥感技术法四类，调查内容具体如下：

① 自然环境与自然资源状况调查。主要包括：气候气象因素和地理特征因素，如地形地貌、坡向坡位、海拔、经纬度等；自然资源状况，如水资源、土壤资源、野生动植物资源及珍稀濒危物种数量，生物组分的空间分布及在区域空间的移动状况，土壤的理化组成和生产能力等；人类开发历史、方式和强度；自然灾害及其对环境的干扰破坏情况；生态环境演变的基本特征；基础图件收集和编制，主要收集地形图、土地利用现状图、植被图和土壤侵蚀图等。

② 社会经济状况调查。主要包括：社会结构情况，如人口密度、人均资源量、人口年龄构成、人口发展状况、生活水平的历史和现状、科技和文化水平的历史和现状、规划区域的主要生产方式等；经济结构与经济增长方式，如产业构成的历史和现状及发展、自然资源的利用方式和强度。

③ 生态环境质量状况调查。主要包括：土地利用情况、植被覆盖情况、水资源与水利

用情况、生物多样性等。

（2）生态分析与评价

运用生态系统及景观生态学理论与方法，对规划区域系统的组成、结构、功能与过程进行分析评价，认识和了解规划区域发展的生态潜力和限制因素。主要内容如下：

① 生态过程分析。人类活动使得区域的生态过程带有明显的人工特征。在生态规划中，受人类活动影响，特别是那些与区域发展和环境密切相关的生态过程（如能流、物质循环、水循环、土地承载力、景观格局等），应在规划中进行综合分析。

② 生态潜力分析。狭义的生态潜力指单位面积土地上可能达到的第一性生产力（亦称初级生产力），它是一个综合反映区域光、温、水、土资源配合的定量指标。广义的生态潜力则指区域内所有生态资源在自然条件下的生产和供应能力。通过对生态潜力的分析，与现状利用和产出进行对比，可以找到制约发展的主要生态环境要素。

③ 生态格局分析。人类的长期活动，使区域景观结构与功能带有明显的人工特征。城镇与农村居住区的广泛分布成为控制区域功能的镶嵌体，公路、铁路、人工林带（网）与区域交错的自然河道、人工河渠及自然景观残片共同构成了区域的景观格局。这些残存的自然斑块对维护区域生态条件、保存物种及生物多样性具重要意义。

④ 生态敏感性分析。在生态规划中必须分析和评价系统各因子对人类活动反应的敏感程度，即进行敏感性评价。根据区域发展和资源开发活动可能对系统的影响，生态敏感性评价一般包括水土流失评价、自然灾害风险评价、特殊价值生态系统和人文景观评价、重要集水区评价等。

⑤ 土地质量与区位评价。土地质量的评价因用途不同而在评价指标、内容、方法上有所不同。对于评价指标和属性，可采用因素间相互关系构成模型综合为综合指标，也可采用加权综合或主成分分析等方法，找出因子间的作用关系和相对权重，最终形成土地质量与区位评价图。

（3）决策分析

生态决策分析就是在生态评价的基础上，根据规划对象的发展与要求、资源环境及社会经济条件，分析与选择经济学与生态学合理的发展方案与措施。其最终目的是提出区域发展的方案与途径。

① 生态适宜性分析。生态适宜性分析是生态规划的核心，也是生态规划研究最多的方面。目标是根据区域自然资源与环境性能，按照发展的需求与资源利用要求，划分资源与环境的适宜性等级。自麦克哈格提出生态适宜性图形空间叠置方法以来，许多研究者对此进行了深入研究，先后提出了多种生态适宜性的评价方法，特别是随着地理信息系统技术的发展，生态适宜性分析方法得到进一步发展和完善。

② 生态功能区划与土地利用布局。根据区域复合生态系统结构及其功能，对于涉及范围较大而又存在明显空间异质性的区域，要进行生态功能分区，将区域划分为不同的功能单元，研究其结构、特点、环境承载力等问题，为各区提供管理对策。区划时综合考虑各区生态环境要素现状、问题、发展趋势及生态适宜度，提出合理的分区布局方案。

③ 规划方案的制订、评价与选择。根据发展的目标和要求以及资源环境的适宜性，制订具体的生态规划方案。生态规划是由一系列子规划构成的，这些规划最终要以促进社会经济发展、生态环境条件改善及区域持续发展能力的增强为目的。

10.2 城市生态规划

10.2.1 城市生态系统及其特征

城市生态系统是城市居民与周围环境相互作用而形成的具有一定结构和功能的有机整体，也是人类在改造和适应自然环境的基础上建立起来的特殊的人工生态系统。城市生态系统是人类生态系统的主要组成部分之一，它是自然生态系统向人类生态系统演替发展到一定阶段的产物，它属于自然-经济-社会复合生态系统的范畴。

与自然生态系统和农村生态系统相比，城市生态系统具有以下特点。

① 城市生态系统的人工主导性。城市中的一切设施都是人工制造的，人类活动对城市生态系统的发展起着重要的支配作用。

② 城市生态系统的高度集中性和高度开放性。城市生态系统是物质和能量流通量大、运转快、高度开放的生态系统。城市居民所需的绝大部分食物要从其他生态系统人为地输入；城市中的工业、建筑业、交通等都需要大量的物质和能量，这些也必须从外界输入，并且迅速转化成各种产品。城市生产和居民生活产生大量的废弃物，如果不及时进行人工处理，就会造成环境污染。

③ 城市生态系统的不完整性。由于城市生态系统是人工生态系统，数量巨大的消费者（人类）所需要的大量的食物和能量必须从外部系统获得。同时，由于缺少分解者，城市生态系统中产生的大量废弃物不能就地分解和循环利用，而几乎全部需要通过人工设施来进行处理，因而，造成巨大的经济成本和处理的低效性。

④ 城市生态系统的高度依赖性。由于缺少充足的土地和第一性生产者，其自我更新能力与初级生产能力很低，而且，城市规模越大，它需求外部输入的物质种类和数量就越多，对外部的依赖性就越强。

⑤ 城市生态系统的脆弱性。城市生态系统的人工性和结构与功能的不完整性，就决定了其自我生产、自我更新、自我修补和自我调节的能力较低。因此，城市生态系统是一个极其脆弱的生态系统，其维持的动态稳定性是通过人类社会经济活动在一定程度上的不断调控作用来完成的。

10.2.2 城市生态规划与生态城市

城市生态规划是以生态学的理论为指导，对城市的社会、经济、技术和生态环境进行全面的综合规划，以便充分有效和科学合理地利用各种资源条件，促进城市生态系统的良性循环，使社会经济能够持续稳定地发展，为城市居民创造舒适、优美、清洁、安全的生产和生活环境。城市生态规划的对象是城市自然-经济-社会复合生态系统。

城市生态规划的目标是建设生态城市。生态城市从广义上讲，是建立在人类对人与自然关系更深刻认识基础上的新的文化观，是按照生态学原则建立起来的社会、经济、自然协调发展的新型社会关系，是有效地利用环境资源实现可持续发展的新的生产和生活方式。从狭义上讲，就是按照生态学原理进行城市设计，建立高效、和谐、健康、可持续发展的人类聚居环境。

2008 年 1 月，环境保护部发布了《生态县、生态市、生态省建设指标（修订稿）》，包括经济发展、生态环境保护和社会进步 3 个方面共 19 个指标。生态城市建设是在城市规划、环境规划、生态建设规划的基础上，根据国家城市建设的方针、社会经济建设技术政策、城市发展计划和规划，依据城市的自然条件和建设条件，以生态学、环境学、城市学、社会学、经济学原理为指导，以协调城市社会、经济发展和环境保护为主要目标，合理地确定生态城市建设目标、发展方向，布置生态区城市建设体系，重点强调规划区域内城市社会、经济、环境协调发展规划布局的合理设计等，解决城市发展面临的人口、经济、资源、环境问题，以实现城市可持续发展。

10.2.3 城市生态规划的基本程序

目前，国内外城市生态规划还没有统一的编制步骤和技术规范，但综合已有的城市规划研究，大致可分为以下几个步骤。

① 明确规划范围和目标。由管理决策部门、规划部门及相关部门一起协商讨论，明确规划的范围和目标。

② 生态要素的调查、评价和预测。根据城市生态规划的内容要求，开展城市生态调查，为满足生态适宜性的评价要求，一般要按照规划详尽程度将城市空间划分为一定尺度的基本单元，如 1km×1km 或 5km×5km，按单元收集规划区域内的自然、社会、人口与经济的资料和数据，并建立数据库。

根据调查资料，运用多学科的理论和方法对城市资源与生态环境状况、生态过程特征、生态环境敏感性和重要性等进行综合分析与评价，预测其发展趋势，从而认识和了解城市生态系统发展的生态潜力和制约因素。

③ 生态适宜性分析评价。这是城市生态规划的核心，即根据城市生态环境特征和区域自然资源条件，参照城市发展的要求和资源利用的要求，分析评价各相关资源的生态适宜性，然后综合各单项资源的适宜性分析结果，划分资源与生态环境的综合适宜性等级和空间分布图。

④ 制订规划方案与措施。按照生态适宜性评价的结果，提出城市生态规划和生态设计的各种方案，包括具体建设项目及其配套措施。

⑤ 规划方案评价。运用生态学与经济学的有关知识，对规划方案及其对城市生态系统的影响和生态环境不可逆转的变化进行综合评价。

10.2.4 城市生态规划的主要内容

(1) 城市生态功能分区

城市生态功能分区主要是根据城市的自然环境条件、社会经济发展基础以及城市未来发展定位，对城市不同空间地域进行的主导功能定位。在生态区划分的基础上，再根据城市功能及组团式发展要求，划分为不同的生态亚区。

生态亚区注重城市发展对生态系统结构的影响，反映人类活动和城市发展对生态系统和景观结构的干扰尺度，不同的生态区采用不同的评价指标划分生态亚区。

依据生态系统的敏感性、生态服务功能类型和城市功能差异等，进一步将各生态亚区划分为不同的生态调控单元。

(2) 城市生态产业发展专项规划

产业是城市经济发展的载体。根据生态城市和城市可持续发展的要求，生态产业发展是未来城市发展的必然方向。

城市生态产业规划就是要根据循环经济理论和生态学理论，利用清洁生产技术和工艺对传统产业进行改造，制订新型生态产业发展项目，优化调整、组装与集成城市产业链以及开展城市生态产业园的规划建设等。城市的未来产业发展定位主要是生态工业、生态服务业、环保产业、生态农业等方向。

(3) 城市生态环境整治与生态建设专项规划

城市生态环境整治与生态建设是城市生态规划的重要内容之一。城市生态环境建设专项规划包括城市大气环境规划、城市水环境规划、城市声环境规划、城市固体废物污染防治规划、城市绿地系统建设规划以及城市重点生态景观区保护与建设规划等内容。

(4) 城市人居环境建设专项规划

城市是一个人口高度密集的地区，人口是城市生态系统中最主要的生物组分之一。因此，在城市生态规划中，人居环境建设规划也是一个十分重要的专项规划。

人居环境是与人类生活与生存活动密切相关的环境空间，也是人类利用自然、改造自然的主要场所。“人居环境”就城市和建筑的领域来讲，可具体理解为人的居住生活环境。

人居环境的核心是“人”，因此，在人居环境建设规划中，必须以满足“人类居住”需要为目的，必须将人的居住、生活、休憩、交通、管理、公共服务、文化等各种复杂的要求在时间和空间中结合起来，要将人工建筑环境与自然环境融合起来，要将硬件建设（人居建筑及其附属设施）、软件建设（社区管理体制、社区文化）和人的生理健康、心理健康建设等结合起来，要将人居建筑的节能、节材、降耗、环保、安全、健康、循环、再生、和谐等作为规划目标，要充分体现人文关怀。

(5) 城乡一体化生态建设专项规划

城市与其周边乡村地区共同构成了城乡复合生态系统，二者之间相互作用、相互影响，它们之间不断地进行着物质、能量、信息和资金交流。

城乡一体化，简单地说，就是统筹城乡社会经济发展，推动城市和农村协调发展，农村居民和城市居民共享现代文明生活。城乡一体化不是城乡一样化，而是通过统一的城乡规划，打破城乡分割的体制和政策，加强城乡间的基础设施和社会事业建设，促进城乡间生产要素流动，逐步缩小城乡差别，实现城乡经济、社会环境的和谐发展。

10.3 生态工业园区规划

10.3.1 生态工业园区的概念与类型

生态工业园区是依据清洁生产要求、循环经济理念和工业生态学原理而设计建立的一种新型工业园区。它是通过物流或能流传递等方式将不同工厂或企业连接起来，形成共享资源和互换副产品的产业共生组合，使一家工厂的废弃物或副产品成为另一家工厂的原料和资源；模拟自然生态系统，在产业系统中建立“生产者-消费者-分解者”的循环途径，寻求物质闭路循环、能量多级利用和废物产生最小化的工业发展形式。

根据园区的产业和行业特点，可将生态工业园区分为行业类生态园区、综合类生态园区和静脉产业类生态园区。行业类生态园区是以某一类工业行业的一个或几个企业为核心，通过物质和能量的集成，在更多同类企业或相关行业企业间建立共生关系而形成的生态工业园区。综合类生态园区是由不同工业行业的企业组成的工业园区，主要指在高新技术产业开发区、经济技术开发区等工业园区基础上改造而成的生态工业园。静脉产业类生态园区是以静脉产业生产（资源再生利用产业）的企业为主体的生态工业园区。

10.3.2 生态工业园区规划的原则

①“3R”原则。即减量化、再利用、资源化的原则，能够指导生态工业园区企业内部生产和企业之间的物质交换。所以，应首先遵循“3R”原则。

② 适用性原则。规划应能够适用于中国生态工业园区的主要特点，在提出普适性的规划要求和方法的同时，建议各园区根据自身的地域、产业结构、经济发展模式、环境管理模式等特点，提出适用于园区自身发展的适用性规划。

③ 可操作性原则。要尽可能全面指导生态工业园区建设规划的各个方面，同时要考虑园区自身发展的潜在规律，使规划内容在经济、环境、管理等方面具备可操作性，便于园区建设者开展工作。

10.3.3 生态工业园区规划的编制依据

在规划过程中，应对生态工业园区规划和建设具有指导和支撑作用的各项政策、标准和规范作为规划依据逐一进行描述。

主要的规划依据包括：国家和地方环境保护、清洁生产和循环经济方面的相关法律法规、国家和地方对生态工业园区的管理政策、国家和地方有关园区的发展政策、园区所在区域国民经济和社会发展规划（纲要）、园区控制性规划、相关行业清洁生产标准、相关行业中长期发展规划、园区所在区域循环经济规划、园区所在区域产业发展规划、园区所在区域环境保护规划、园区所在区域土地利用规划、园区所在区域交通、电力等基础设施规划以及其他依据材料。

10.3.4 生态工业园区规划编制的程序

生态工业园区规划的编制工作程序一般包括以下几个步骤。

(1) 确定任务

当地园区管委会或其他园区行政管理部门委托具有相应资质或经验的单位编制生态工业园区规划，通过委托文件和合同明确规划编制各方责任、要求、工作进度安排、验收方式等。

(2) 调查、收集资料

收集编制规划所必需的生态环境、社会、经济背景或现状资料，社会经济发展规划、区域总体规划和土地利用规划、产业结构、产业发展规划和布局规划、园区主导行业发展规划等有关资料以及与规划有关的社会、经济、科技、地理、自然、生态、环境污染等方面的有关信息。调查范围以拟建设的生态工业园区为主，兼顾对园区发展影响较大的周边区域。

(3) 编制规划大纲

按照国家环境保护总局发布的《生态工业园区建设规划编制指南》（HJ/T 409—2007）要求的规划主要内容编制规划大纲。

(4) 编制规划

按照规划大纲的要求编制生态工业园区规划和技术报告。

(5) 规划论证及公众参与

在规划编制过程中应当广泛征求政府有关部门的意见和建议，同时通过多种形式咨询公众意见，并组织专家论证会对规划成果进行论证。

(6) 规划评审

有关部门依据论证后的规划大纲对规划进行审查，规划编制单位根据审查意见对规划进行修改、完善后形成规划报批稿。

10.3.5 生态工业园区规划编制的内容

(1) 生态工业园区概况和现状分析

包括基本概况（发展概况、地理、资源条件等）、社会现状、经济现状、环境现状（包括水环境现状、大气环境现状、固体废物现状）。

(2) 生态工业园区建设必要性分析

包括园区环境影响的回顾性分析（过去 5～10 年）、生态工业园区建设的必要性和意义、生态工业园区建设的有利条件分析、生态工业园区建设的制约因素分析。

(3) 生态工业园区建设总体设计

包括指导思想、基本原则、规划范围、规划期限、规划依据、规划目标与指标、总体框架（包括产业循环体系、资源循环和污染控制体系、保障体系等，绘制生态工业总体框架图和园区总体生态链图）。

(4) 园区主要行业生态工业发展规划

包括规划目标和规划内容两大部分。对行业类生态园区、综合类生态园区和静脉产业类生态园区分别有相应的规划重点要求。

(5) 资源循环利用和污染控制规划

包括水污染控制和循环利用规划（含规划目标和规划内容）、大气污染控制规划、固体废物污染控制和循环利用规划、能源利用规划。

(6) 重大项目及其投资与效益分析

包括重点支撑项目、投资与效益分析。

(7) 生态工业园区建设保障措施

包括政策保障（生态工业发展条例或实施办法、优惠政策等）、组织机构建设（行政管理机构及运行机制、领导干部目标考核、人才引进和培养、专家咨询机制）、技术保障体系（信息交流技术、生态工业研发、生态设计、生态工业孵化器、生态工业园区稳定运行风险应急预案、园区环境风险应急预案）、环境管理工具、公众参与、宣传教育与交流以及其他保障措施等。

习题

在线习题

1. 什么是生态区划？规划的目标是什么？
2. 简述生态规划的主要内容和步骤。
3. 城市生态规划的程序和主要内容是什么？
4. 生态工业园规划的原则是什么？
5. 简述生态工业园规划编制的程序和内容。

管 理 篇

第 11 章
传统与现代的环境管理模式

11.1 传统环境管理模式

11.1.1 传统环境管理模式的建立

(1) 末端控制

环境问题源远流长，但人类对环境的系统管理却只有几十年的历史。世界各国在政策、制度、措施的选择、设计过程中，明显受到当时的政治、经济、科学文化、道德水准等诸多因素的影响和制约，形成了具有时代特色和不断改进的环境管理模式。

从 20 世纪五六十年代开始，西方国家开始关注环境污染和破坏问题，首先考虑的是在生产工艺的末端来消除污染物，达到污染净化的目的，是一种生产过程末端治理经济模式，属于传统经济模式的范畴（图 11-1）。生产过程末端治理传统经济模式，并没有从根本上改变传统经济的高开采、高消耗、高污染、低效益的性质，只是通过环境工程学的技术手段对生产过程末端产生的废弃物进行处理与处置，以减轻经济活动对环境造成的危害。这种环境管理模式是以“废弃物管理”思想为核心，强调的是对排放物的末端管理，属于风险管理阶段。

末端控制，是指在生产过程的终端或是在废弃物排放到自然界之前，环境管理部门运用各种手段，促进或责令污染产生单位采取一系列措施对其进行物理、化学或生物过程的处理，或对污染物的去向加以限制，以减少排放到环境中的废物总量。末端控制属于被动式的处理方式，具有成本高、控制难、代价大的特点。

例如，钢铁企业烧结工艺会产生大量的烟尘，一般采用多级除尘系统进行末端控制，但由于烟气量大、粉尘浓度高，吨钢水耗、电耗等居高不下，处理费用和运行费用非常高，给企业带来巨大的经济负担和环境不经济性，末端治理所需的大量环保投入抵消了经济发展所创造的福利。以末端治理为特征的经济模式既达不到预期的经济效益、社会效益，同样也遏制不了生态环境恶化的趋势。

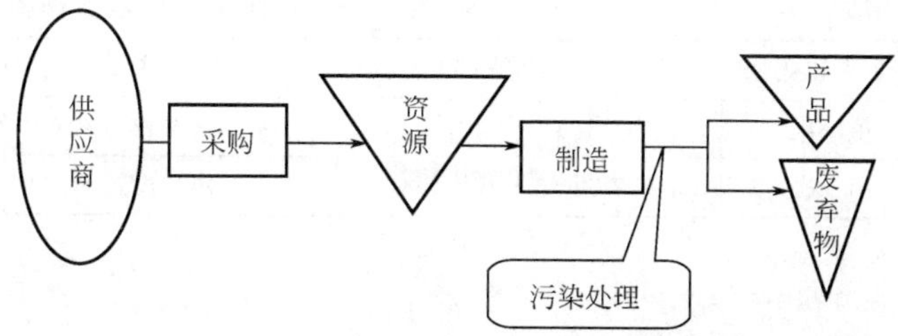

图 11-1　传统环境管理模式示意图

各国政府日益认识到地球生态环境的脆弱性，认识到环境污染对人类的可持续发展构成了威胁，制定了一系列控制或预防的环境污染法律法规、排放标准，对企业污染和破坏环境的行为进行限制和控制。在这一阶段，企业面对严厉的法律、法规、标准和政策，企业只能遵循相关的制度约束，为了能够在制度约束的范围内进行生产经营活动，其环境手段往往是在其制造的最后工序或排污口建立各种防治环境污染的设施来处理污染，如建污水处理站厂，安装除尘、脱硫装置等以“过滤器”为代表的末端控制装置与设备，来满足政策与法规对废弃物的排放达到排放标准的要求。

这种基于末端控制的传统管理模式，成为当时各国政府控制环境污染，调整环境冲突的主要手段。随着“污染者付税（费）”原则的提出，各国法律都规定了企业对其排放污染物的行为必须承担经济责任，凡是污染物的排放量超过了规定的排放标准，都需要缴纳超标排污税（费），造成环境损害的，需要承担治理污染的费用并赔偿相应的损失。

(2) 废物减量化

废物减量化也称为废物最少化，指将产生的或随后处理、贮存或处置的有害废物量减少到可行的最低程度。其结果是减少了有害废物的总体积或数量，或者减少了有害废物的毒性。

废物减量化包括源削减和有效益的利用、重复利用以及再生回收，不包括用来回收能源的废物处置和焚烧处理。例如，减少固体废物的产生，属于物质生产过程前端，需从资源的综合开发和生产过程中物质资料的综合应用角度着手；对固体废物进行处理利用（焚烧、压实、破碎等），属于物质资料生产末端，通过“固体废物资源化”来实现。

废物减量化与末端治理相比，有明显的优越性，但依然是废物的处理和回收利用，对人体健康和环境安全依然可能造成威胁，因而废物减量化往往是废物管理措施的改进，而不是消除它们。“废物减量化”的实效性在一定程度上等同末端治理，有很大的局限性。

11.1.2　美国传统环境管理模式的建立与实践

美国是世界上最早开展环境保护工作的国家之一，随着对环境问题认识的深化，美国的污染控制政策也不断随之变化，在基于末端控制的传统环境管理模式实践中经历了两次重大转变（表 11-1）。第三次转变发生在 20 世纪 90 年代以后，提出源头控制，颁布了《污染预防法》，开始向现代环境管理模式转变。

表 11-1 美国传统环境管理模式转变

重大转变	时间节点	主要的政策或观点	标志
第一次	1948—1963 年	从忽视污染防治转变为重视	《联邦水污染控制法》
第二次	20 世纪七八十年代	由浓度控制向总量控制转变	《清洁空气法》

11.1.3 我国传统环境管理模式的建立与实践

在我国的环境管理发展历程的前两个阶段（表 11-2），是基于末端控制思想的传统环境管理模式在我国的建立和实践过程。

这一阶段的《中华人民共和国环境保护法》规定了对企事业单位等实行排污收税（费）制度，国务院发布了《征收排污费暂行办法》，在全国范围内对废水、废气、废渣、噪声、放射性等污染物的排放者实施管理，试图以此给排污者施加一定的经济压力，促使其防治污染。但由于企业利益约束机制不健全、费率偏低等原因，实践中难以产生刺激作用。由于历史的局限，当时制订和执行污染物排放标准都是以“末端处理”行为为主要目标，虽已引入排污许可证制度，确定排污总量，但对各污染源下达允许排放的指标，仍未跳出污染物“末端处理”的圈子。20 世纪 80 年代后我国在环境污染防治方面的行政控制手段可简要概括为：在经济计划方面，法律要求在“宏观决策”层次上应将环境保护纳入国民经济和社会发展计划，制订和执行环境保护规则；在“微观技术”层次上将环境保护纳入企业管理中；再加上“中观管理”层次上的各种行政管理制度和措施，共同构成了我国环境污染防治的传统管理模式。

表 11-2 我国传统环境管理模式转变

阶段	时间节点	主要的政策或观点	标志
第一阶段	1979 年	实现了思想认识转变，认识到了环境保护要依法管理，并开始集中人力财力治理了一批重点污染源	《中华人民共和国环境保护法（试行）》
第二阶段	1983 年	提出了“三同步、三统一”的大政方针，确立了以强化环境管理为主的“三大政策”，形成了以环境影响评价、“三同时”、征收排污费和自然资源补偿费、排污许可证、环境保护目标责任、城市环境综合整治定量考核、限期治理、污染集中控制等制度为基本内容的环境管理体系	确定了环境保护是我国的一项基本国策

11.1.4 末端控制传统环境管理模式的弊端

将环境污染控制的重点放在生产过程的末端或污染物排放口，在危害发生后再进行净化处理的环境战略、政策和措施，有很大的局限性，基于末端控制的传统环境管理模式，遇到了新的挑战，呈现出无法克服的弊端。

(1) 废物不减少

废物排出后的净化、处理技术，常使污染物从一种环境介质转移到另一种环境介质，废物不减少。常用的污染控制技术只解决工艺中产生并受法律约束的第一代污染物，而忽视了废物处理中或处理后产生的第二代污染问题。

(2) 污染控制对象较为单一

环境保护法规、管理、投资等占支配地位的是单纯污染控制，而没有对面临全球系统的环境威胁提出适当的解决办法。

(3) 污染控制资金负担巨大

环境问题给世界各国带来了越来越沉重的经济负担，控制污染问题之复杂，所需资金之巨大远远超出了原先的预期，环境问题的解决远比原来设想的要困难得多。

(4) 思想固化，阻碍可持续发展进程

“污染控制”或“达标排放”等法规体系以及运行机制，导致部分企业养成了一种“污染排放后才控制”或“达标排放”的思想心态，成为强化环境管理、广泛实行污染预防的障碍因素。

传统环境管理模式是“管道末端”战略、路线和政策措施的体现，在现阶段是源头控制和过程控制的必要补充，仍发挥积极的作用，是被动环境保护范畴。我们需要预防或将污染物排放减少到最低限度的新政策、技术和方法，首先应是防止污染的产生，因而污染预防的现代环境管理模式是大势所趋。

11.2 现代环境管理模式

基于末端控制的传统环境管理模式的弊端，欧美国家于20世纪80年代中期，将环境政策的重点转向以预防为主，提出了污染预防的概念和相关政策；90年代前后，相继尝试运用了如“污染预防”“无废技术”“源削减”“零排放技术”“环境友好技术”等方法和措施，来提高生产过程中的资源利用效率、削减污染物以减轻对环境和公众的危害。进入21世纪后，我国逐渐意识到生态环境对国民经济的重要支撑作用，率先着手实践于“绿水青山就是金山银山”的生态文明建设，开展以污染预防为核心的“蓝天”“碧水”“净土”保卫战。

减少污染废物及防止污染的策略，称为污染预防，是现代环境管理模式上的一次重大转变。污染预防的调控对象是强调污染的发生，目的是减少甚至消除产生污染的根源。在源头预防或减少污染物产生，减少了处理费用与污染转移，通过更有效地使用原材料，实际上最终能增强经济竞争力。

11.2.1 源头控制思路下的现代环境管理模式建立

(1) 源削减

源削减指在进行再生利用、处理和处置以前，减少流入或释放到环境中的任何有害物质、污染物或污染成分的数量，减少与这些有害物质、污染物或组分相关的对公共健康与环境的危害。污染预防与过去的污染控制有截然的区别，污染排放后的回收利用、处理、处置不是源削减。

环境保护的立法、管理工作重点首先是避免污染的产生，污染预防政策的实质就是推行源头控制，通过原材料替代，革新生产工艺等措施，实施源削减，是一种治本的措施，代表了当时污染控制的方向。

源削减的内容包括设备或技术改造，工艺或程序改革，产品的重新配制或重新设计，原料替代以及改进内务管理、维修、培训或库存控制。

源削减的两种常用方法是改变产品和改进工艺。源削减减少了产品的生命周期和废物处置中废物及制成品的数量和毒性。

（2）产品生态设计

① 产品生态设计的含义。产品生态设计，是指将环境因素融入产品设计中，旨在改善产品在整个生命周期内的环境性能，降低其环境影响，实现从源头上预防污染的目的。这是一项重要的预防措施，是预防策略的重要组成部分。

产品生态设计基本理论基础是产业生态学中的工业代谢理论与产品生命周期。工业代谢理论是把原料和能源以一种稳态条件下转化为最终产品和废物的所有物理过程完整的集合，旨在提示经济活动纯物质的数量与质量规模，展示构成工业活动全部物质与能量的流动与储存及其对环境的影响。产品生命周期是指产品从原料到最终处置、连续的、环环相扣的各个环节，包括原料的获取、制造、包装运输和配送、安装与维护、使用、用后废弃、处理与处置等阶段。对上述各个阶段的环境影响进行评估，便是生命周期分析法，它是一种重要的环境分析方法。产品生态设计运用生命周期分析法，对产品生命周期各个阶段产生及可能产生的环境影响进行分析，在设计阶段寻求解决方案，进而改进产品的设计或重新设计产品，减少并预防环境影响的出现。

在具体实施上，将工业生产过程比拟为一个自然生态系统，对系统的输入（能源与原材料）与产出（产品与废物）进行综合平衡。在这一平衡过程中需要进行整个寿命期的分析，即从最初的原材料的采掘到最终产品用后的处理。

② 产品生态设计的特点。

a. 从“以人为中心”的产品设计转向既考虑人的需求，又考虑生态系统安全的生态设计。

b. 从产品开发概念阶段，就引进生态环境变量，并与传统的设计因子，如成本、质量、技术可行性、经济有效性等进行综合考虑。

c. 将产品的生态环境特性，看作是提高产品市场竞争力的一个重要因素，在产品开发中考虑生态环境问题，并不是要完全忽略其他因子。

（3）产品生态设计的思路

① 低物质化。低物质化指在产业生产过程中，减少物料消耗和降低能量强度的现象。从更广的意义上，低物质化是指提供同样的经济功能的同时相对或绝对地减少物质的量。低物质化应从产品生命周期考虑。例如，借助于网络实现无纸化办公、交易等。

② 功能经济。功能经济是一种产品，代表的是向消费者提供特定功能的一种手段，即产品不是目的，而是服务手段，实际上消费者关心的不是产品，而是产品所提供的功能。这意味着可以引导消费者把其注意力从关注产品的特征转向关注服务的特征，从而寻求产业生

态化的机会和可能。当把产品看成是向最终用户提供的某种功能时，资源的使用量和废物排放量将会大大减少，即人们通过服务来代替那些消耗大量物质和能量的活动时，可以减少对单位生活质量不利的环境影响。例如，当人们不买汽车这种产品本身，而只买汽车运送乘客和物品的功能时，汽车制造商将会想方设法延长汽车的使用寿命，并且提高废旧汽车的回收价值，从而减少资源消耗和废物排放。

③ 物质替代。减少物质使用的一个办法是完全使用新的物质替代旧的物质，新的物质应该具有耐用、在获取和加工过程中产生的废物少等特性。例如，聚合材料代替钢材、光纤代替铜质线等。

(4) 产品环境标志

① 环境标志和环境标志认证。环境标志是一种“证明性商标”，它表明该产品不仅质量合格，而且在生产、使用、处置过程中符合特定的环境保护要求，与同类产品相比，具有低毒少害、节约资源等环境优势。

环境标志认证是指由国家权威机构认可的第三方认证机构，依据环境标志产品标准及有关规定，对产品环境性能及生产过程进行确认，并以特定的标志图形予以公告，具有高度的客观公正性和可信度。

② 环境标志的目的。发展环境标志的最终目的是保护环境，它通过两个具体步骤得以实现：一是通过环境标志向消费者传递信息，告诉消费者哪些产品有益于环境，并引导消费者购买、使用这类产品；二是通过消费者的选择和市场竞争，引导企业自觉调整产品结构，采用清洁生产工艺，使企业环保行为遵守法律法规，生产对环境有益的产品。

产品环境标志的目标包括：a. 为消费者提供准确的信息；b. 增强消费者的环境意识；c. 促进销售；d. 推动生产模式的转变；e. 保护环境。

环境标志培养了消费者的环境意识，强化了消费者对有利于环境的产品的选择，促进对环境影响较少的产品的开发，达到了减少废物、减少生活垃圾、减少污染的目的。对于实施环境标志制度带来的成效可从三个方面加以评估：a. 消费者行为的改变程度；b. 生产者行为的改变程度；c. 对环境的好处。实践表明，实施环境标志制度确实可以提高消费者对产品环境影响的关注，瑞典第二大零售店对消费者开展了一次民意测验，约有 85%的顾客表示愿意为环境清洁产品支付较高的价格。

③ 产品环境标志的类型。环境标志计划在不同的国家设计和实施的过程中，出现了不同的类型，在 ISO 14024 中将它们分为三类，见表 11-3。

表 11-3 产品环境标志的类型

项目	类型Ⅰ	类型Ⅱ	类型Ⅲ
名称	批准印记型	自我声明型	单项性能认证型
特点	大多数国家采用①自愿参加；②以准则、标准为基础；③包含生命周期的考虑；④有第三方认证	①可由制造商、进口商、批发商、零售商或任何从中获益的人对产品的环境性能做出自我声明；②这种自我声明可在产品上或者在产品的包装上以文字声明、图案、图表等形式来表示，也可表示在产品的广告上或者产品名册上	单项性能有：可再循环性、可再循环的成分、可再循环的比例，节能、节水、减少挥发性有机化合物排放等
目标市场对象	零售消费者	零售消费者	工厂/零售消费者

续表

项目	类型Ⅰ	类型Ⅱ	类型Ⅲ
通信渠道	环境标志	文本和符号	环境性能数据表单
范围	全生命周期	单个方面	全生命周期
标准	是	没有	没有
是否应用LCA	是	否	是
选择性	前20%～30%	无	无
实施者	第三方	第一方	第三方/第一方
是否需要认证	是	一般不	是/否
管理机构	生态标志小组	公平贸易委员会	鉴定机构

我国的Ⅰ型环境标志图形于1993年发布，它由青山、绿水、太阳和10个“环”组成。其中心结构表示人类赖以生存的环境；外围的10个环紧密结合，环环相扣，表示公众参与，共同保护；10个“环”的“环”字与环境的“环”同字，寓意为“全民联合起来，共同保护我们赖以生存的环境”。如图11-2所示。

图11-2 我国Ⅰ型环境标志图

我国从1994年开始实施的环境标志认证是Ⅰ型环境标志，其最大的特点是对产品从设计、生产、使用一直到废弃处理的整个生命周期都有严格的环境要求。实施8年有400多家企业的1000多种产品拿到了这种标志。

我国的Ⅱ型环境标志如图11-3所示，图形的中心结构表示人类赖以生存的地球环境，外围的十个环紧密结合，环环紧扣，表示公众参与共同保护环境，同时十个环的“环”字与

图11-3 我国Ⅱ型环境标志图

环境其寓意为“全民联合起来，共同保护人类赖以生存的环境”，中间有罗马数字Ⅱ，因此而称为“十环Ⅱ标志”。Ⅱ型环境标志主要针对资源有效利用，企业可以从国际标准限定的“可堆肥，可降解，可拆卸设计，延长生命产品，使用回收能量，可再循环，再循环含量，节能，节约资源，节水，可重复使用和充装，减少废物量”等12个方面中，选择一项或几项做出产品自我环境声明，并需经第三方验证。

我国的Ⅲ型环境标志如图11-4所示，由体现中国生态环境的银杏叶、天鹅有机组合而成，展翅高飞的银杏叶、天鹅，内涵是向人们传递环境保护信息。

图 11-4　我国Ⅲ型环境标志图

相对于Ⅰ型和Ⅱ型，Ⅲ型环境标志基于定量的生命周期评价分析，可为市场上的产品和服务提供科学的、可验证和可比性的量化的环境信息，可以更加科学合理地评价产品对环境造成的影响，因此被认为是对各国政府绿色采购和产品生态设计最有力的支持工具。

环境标志作为一种指导性的、自愿的、控制市场的手段，成为保护环境的有效工具。有关环境标志的内容也被列入了ISO 14000系列标准之中。

11.2.2　过程控制思路下的现代环境管理模式建立

(1) 循环经济

① 循环经济的含义。循环经济是以资源节约和循环利用为特征、与环境和谐的经济发展模式。强调把经济活动组织成一个“资源-生产-消费-再生资源”的反馈式流程。其特征是“三低一高”（低开采、低消耗、低排放、高利用）。所有的物质和能源能在这个不断进行的经济循环中得到合理和持久的利用，对生态环境的影响小，以把经济活动对自然环境的影响降低到尽可能小的程度。

传统经济是一种由“资源-生产-消费-废弃物排放”所构成的物质单向流动的经济。其特征是“三高一低”（高开采、高消耗、高排放、低利用）。经济增长靠高强度的开采和消费资源以及高强度地破坏生态环境，对资源的利用是粗放的和一次性的。

② 循环经济“3R”原则。

a. 资源利用的减量化原则。减量化原则要求在资源利用和生产过程中，用较少的原料和能源投入来达到既定的生产目的或消费目的，即从经济活动的源头就注意节约资源和减少污染。

对废弃物的产生，是通过预防的方式而不是末端治理的方式来避免。对生产过程而言，企业可以通过技术改造，采用先进的生产工艺，或实施清洁生产减少单位产品生产的原料使用量和污染物的排放量。此外，减量化原则要求产品的包装应该追求简单朴实，而不是豪华浪费，从而达到减少废弃物排放的目的。

b. 产品生产的再使用原则。循环经济倡导人们尽可能多次以及尽可能多种方式地使用所买的东西，防止物品过早地成为垃圾。

在生产环节，要求制造产品和包装容器能够以初始的形式被反复利用，使其像餐具和背包一样尽量延长产品的使用期，而不是非常快地更新换代；鼓励再制造工业的发展，以便拆卸、修理和组装用过的和破碎的东西。在生活环节，反对一次性用品的泛滥，鼓励人们将可用的或可维修的物品返回市场体系供别人使用或捐献自己不再需要的物品。

c. 废弃物的再循环原则。循环经济要求尽可能多地再生利用或循环利用，尽可能地通过对“废物”的再加工处理（再生）使其作为资源，制成使用资源、能源较少的新产品而再次进入市场或生产过程，以减少垃圾的产生。

废弃物的再循环包含原级再循环和次级再循环，其中原级再循环，是将消费者遗弃的废弃物循环用来形成与原来相同的新产品，如利用废纸生产再生纸，利用废钢铁生产钢铁；次级再循环是将废弃物用来生产与其性质不同的其他产品的原料的再循环过程，如将制糖厂所产生的蔗渣作为造纸厂的生产原料，将糖蜜作为酒厂的生产原料等。原级再循环在减少原材料消耗上达到的效率要比次级再循环高得多，是循环经济追求的理想境界。

③ 发达国家循环经济的基本模式。发达国家在长期的实践中，逐步摸索形成了发展循环经济的四种基本模式，使循环经济在企业、区域和社会扎实有效地开展，见表 11-4。

表 11-4 发达国家循环经济的基本模式

基本模式	特征	实例
企业内部的循环经济模式（杜邦模式）	通过循环来延长生产链条，减少生产过程中物料和能源的使用量，减少废弃物和有毒物质的排放，最大限度地利用可再生资源，同时提高产品的耐用性等	杜邦公司创造性地把循环经济三原则发展成为与化学工业相结合的“3R 制造法”
区域生态工业园区模式（卡伦堡模式）	按照工业生态学的原理，通过企业间的物质集成、能量集成和信息集成，形成产业间的代谢和共生耦合关系，使一家工厂的废气、废水、废渣、废热成为另一家工厂的原料和能源，建立工业生态园区	
社会层面上废弃物的回收再利用模式（DSD 模式）	建立废旧物资的回收和再生利用体系，实现消费过程中和消费过程后物质与能量的循环	德国的废弃物双元回收体系（DSD 模式）是其典型代表
社会循环经济体系	指限制自然资源消耗、环境负担最小化的社会。	2000 年，日本制定了《促进循环社会形成基本法》，提出把整个社会建成循环型社会的发展目标

(2) 产品生命周期评价

生命周期评价（Life Cycle Assessment，LCA），是一种用于评价产品或服务相关的环境因素及其整个生命周期环境影响的工具。从 LCA 的定义出发，阐述 LCA 的技术框架及主要内容，进而提出将生命周期评价作为环境管理的有力工具，从而促进整个社会系统的可持续发展。

① 生命周期评价的含义。生命周期评价是一种用于评估产品在其整个生命周期中，从原材料的获取、产品的生产直至产品使用后的处置，对环境影响的技术和方法，是已经纳入ISO 14000环境管理系列标准而成为国际上环境管理和产品设计的一个重要支持工具。核心是对贯穿产品生命周期全过程的环境因素及其潜在影响的研究。

作为新的环境管理工具和预防性的环境保护手段，生命周期评价主要应用在通过确定和定量化研究能量和物质利用及废弃物的环境排放来评估一种产品、工序和生产活动造成的环境负载，评价能源、材料的利用和废弃物排放的影响，以及评价环境改善的一种方法。

② 生命周期评价步骤。生命周期评价步骤具体包括互相联系、重复验证分析进行的四个步骤：目的与范围的确定、清单分析、影响评价和结果解释，见图11-5。

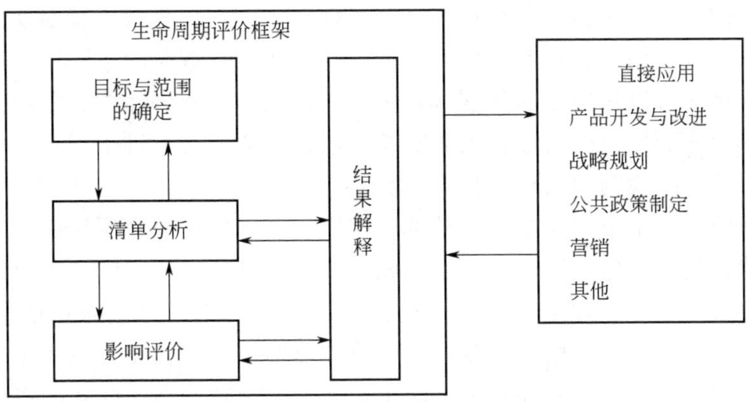

图11-5　生命周期评价步骤

a. 目标与范围的确定。目标与范围的确定是对LCA研究的目标和范围进行界定，是最关键的部分之一。目标定义主要说明进行LCA的原因和应用意图，范围界定则主要描述所研究产品系统的功能单位、系统边界、数据分配程序、数据要求及原始数据质量要求等，它直接决定了LCA研究的深度和广度。但由于LCA需要不断重复步骤，可能需要对研究范围进行不断的调整和完善。

b. 清单分析。清单分析是对所研究系统中输入和输出数据建立清单的过程，主要包括数据的收集和计算，以此来量化产品系统中的相关输入和输出。首先是根据目标与范围定义阶段所确定的研究范围建立生命周期模型，做好数据收集准备；然后进行单元过程数据收集，并根据数据收集进行计算汇总得到产品生命周期的清单结果。

c. 影响评价。影响评价的目的是根据清单分析阶段的结果对产品生命周期的环境影响进行评价，将清单数据转化为具体的影响类型和指标参数，更便于认识产品生命周期的环境影响。此外，此阶段还为生命周期结果解释阶段提供必要的信息。

生命周期影响评价是将清单分析得到的资源消耗和各种排放物对现实环境的影响进行定性定量的评价。它是生命周期评价的核心内容，也是难度最大的部分。生命周期影响评价方法和科学体系仍在不断发展和完善中，尚没有一种广泛接受的统一方法。

d. 结果解释。结果解释是基于清单分析和影响评价的结果识别出产品生命周期中的重大问题，并对结果进行评估，包括完整性、敏感性和一致性检查，进而给出结论、局限和建议。

11.3 现代环境管理模式的评价手段

11.3.1 评价体系下的环境管理手段

（1）环境绩效

环境绩效是指一个组织基于其环境方针、目标、指标，控制其环境因素所取得的可衡量的环境管理体系成效，用来表示与工作努力程度和工作质量有关的实际环境后果，是评定环境政策的最终标准。可以从两方面来理解环境绩效，从广义上讲是指企业的污染防治、资源利用和生态影响等方面所取得的综合效果被持续改善；从狭义上讲是指现有的环境标准中规定的、企业的可被直接检测的指标上的体现。

企业环境绩效是一个企业在减少对外部环境影响方面经过努力所取得的结果，它包括企业在生产和经营过程中对环境造成的直接影响、企业制订的管理制度、企业的项目开发两方面内容所体现出来的环保意识的程度。企业的环境管理水平可以由企业的环境绩效反映出来，环境绩效主要表现为环境质量的变化和价值变化两个方面，而价值变化是由环境质量的变化所引起的，环境绩效必将成为在这个经济快速发展的时期企业的新的竞争力。

企业环境管理与企业环境绩效之间是一种相互促进、相互影响的关系，而且环境绩效的改善与否会体现在环境行为的最终结果上。

（2）环境绩效评估

环境绩效评估（EPE）是环境绩效管理的一种工具，是按照预先设定的评估指标和标准，针对被评估对象在一定时期内的环境相关工作和活动进行考察、评定，给出反映被评估对象真实环境绩效水平的状况和信息。为后期绩效提升与改进活动提供支持和帮助，是开展环境绩效评估的最终目的。环境绩效评估是环境主管部门及企业外部利益相关者对企业的环境管理及环境影响进行考核的一种手段，是开展环境绩效管理工作的前提和基础，具有承上启下的重要作用，环境绩效是环境管理绩效的子集。

环境绩效评估主体包括公共管理部门（政府机构）、商业部门（企业）、第三方机构（研究机构、审计机构和非政府组织等）。不同的评估主体对于环境绩效的评估侧重点也不相同。管理部门由于负责全面的环境保护工作，因此着重关注各级行政区（省级、市级、县级）以及重点流域（区域）的环境绩效情况；另外，管理部门从宏观上偏重对环境要素的管理（如水、大气、土壤、噪声等）。随着经济社会发展和政府治理理念转型，第三方评估由于其客观和公正性，越来越受到重视。

① 环境绩效评估对象。环境绩效评估对象的范围比较广泛，从大的角度来说评估对象主要分为实体和非实体两大类。实体主要包括可能造成环境影响的组织，如企业、管理部门甚至是个人等，评估内容一般会包括污染物排放、环境质量、生态污染状况与修复情况，水、气、土、声等各类自然资源的使用情况，污染事故发生及处置情况等。非实体评估内容

主要包括环境管理效率、政策执行效果和环境影响情况等。

② 环境绩效基准。环境绩效基准是管理阶层为了评估环境绩效而设定的环境目标、标的或其他基准。组织在规划 EPE 时应参照其所设定的环境绩效基准，以便所选择的 EPE 指针能适当反映组织之环境绩效。可以获得环境绩效基准的来源包括：a. 目前和过去的绩效；b. 法令规定；c. 相关规定、标准和措施；d. 绩效数据和由工业及其他产业发展出来的信息；e. 管理审查和稽核；f. 科学研究。

③ 环境绩效评估指标。环境绩效评估指标所包括的定性或定量的数据或信息，应以简明易懂为原则，并应筛选出足够且相关的指标来评估其环境绩效。筛选出的 EPE 指标的数目应能反映出组织作业的特性和范围。为增进效率，组织可使用现有的数据也可使用其他组织所收集的数据。环境绩效评估指标的两个范畴包括：环境状态指标（ECIs）和环境绩效指标（EPIs）。而环境绩效评估指标又可分为管理绩效指标（MPIs）、作业绩效指标（OPIs）和环境状态指标（ECI）。

a. 管理绩效指标。管理绩效指标和组织各阶层的政策、人员、规划、措施、程序、决定和行动有关。该指标可直接反映出组织在管理绩效上的努力成果，是在环境管理系统中寻找绩效指标时最直接的来源。可以组织所制定的环境政策、目标及标的为基准，进而评鉴环境绩效指标是否达到目标。

管理绩效指标应能提升组织在“管理业务”方面的能力，例如：训练、法令需求、资源使用、环境成本管理、采购、产品研发及影响环境绩效的矫正措施。应有助于评估管理效能、改善环境绩效的决策及行动的效果。

b. 作业绩效指标。反映组织在作业上的环境绩效。它和下列项目相关：组织在运作时所做的输入如原料、能源和服务；属于组织硬件设施和设备的设计、安装、操作和维护作业；组织运作所做的产出，例如产品（包括他们的设计、研发、制造和贮存）、服务、废弃物（包括他们的形态和贮存）和排放物；组织运作所产出的运输。

c. 环境状态指标。可以提供组织周边的环境现况，这项信息可以帮助组织了解在其环境考虑中可能对环境的潜在冲击，因此有助于环境绩效评估的规划与实施。该指标是环境绩效评估三个领域中最基本的考量因子，可提供必要的信息来协助组织选择适当的环境管理系统及操作系统指标。组织周围的环境状况包括当地区域乃至于全球性的环境条件，其范围包括空气、水、土地、植物、动物，甚至是人类健康。

管理绩效指标、作业绩效指标和环境状态指标这三项指标亦可作为环境管理系统（ISO 14001）执行的成效指标，在环境管理系统的环境政策下，必须设定环境目标与标的来达到“持续改善”目的。在 ISO 14001 导入初期，组织可根据前期环境审查的结果、重大环境考量对象或法规不符合部分制订目标标的而获得改善，并获得绩效。但当系统执行一段时间后，就有不知要如何制订目标来达到持续改善的无力感；此时若可以并同进行环境绩效评估，追踪长期的定性或定量指标，则可以获得足够的证据证明是否达成目标与标的。

④ 运用数据与信息（实施）。

a. 收集数据。一个组织应定期收集数据提供所选择 EPE 指标计算使用。数据收集程序应能保证数据的可靠性，并考虑一些因子诸如可获得性、足够性、科学和有效性及可验证性。数据收集应有质量保证体系支持，以保证所获得的数据是 EPE 使用所要的形式和质量。

b. 分析和转换数据。收集的数据应加以分析并转换成能够描述组织环境绩效的信息，以 EPE 指标表示。为避免造成结果的偏差，所有收集的相关和可靠数据均应列入考虑。数据分析可以包括数据的质量、有效性、足够性和完整性，以便能产生可靠的信息。描述组织环境绩效的信息可经计算、最佳估算、统计方法、图表方法或用汇总或加权而得。

c. 评估信息。从分析数据而得的信息，以 EPIs 或 ECIs 表示，应和组织之环境绩效基准比较。比较的结果可以显示出环境绩效是否有进步或缺失，也有助于了解为何环境绩效基准可以或不能达成。

⑤ 报告沟通。基于管理需要，环境绩效报告和沟通可提供有用的环境绩效信息给组织内、外的利害相关的团体。环境绩效的报告沟通的好处包括：a. 帮助组织达成其环境绩效基准；b. 对组织的环境政策、环境绩效基准及相关达成事项提升其认知程度和提供交流机会；c. 显示组织对改进环境绩效的承诺与努力；d. 响应对组织环境考虑面的关切与疑问。

内部报告和沟通：组织应同时将适宜且必要的环境信息适时地在组织内部进行沟通。这样可以有助于员工、承包商和其他与组织相关人员能够尽到他们的责任，而组织也可达成其环境绩效基准。组织可以考虑将此信息列入其环境管理系统的管理审查。

⑥ 审查和改进环境绩效评估程序（检查与矫正）。一个组织的环境绩效程序和结果应定期审查以鉴别出改进的机会。一段时间之后，可将 EPE 之范围扩大至先前未曾提到的组织的活动、产品和服务。审查有助于管理阶层采取行动以改善管理绩效和组织的运作，也可造成环境状态改善。可以采取改进的行动方案如：改善数据质量、可靠性和可获得性，改善分析和评估能力，更新 EPE 指标，改变 EPE 的范围。

（3）清洁生产

① 清洁生产的内涵。清洁生产，是指在生产过程、产品寿命和服务领域持续地应用整体预防的环境保护战略。增加生态效率，减少对人类和环境的危害。

清洁生产是一种新的创造性思想，该思想将整体预防的环境战略持续应用于生产过程、产品和服务中，以增加生态效率和减少人类及环境的风险。对生产过程、节约资源和能源，淘汰有毒有害的原材料和落后的工艺及设备，减少所有废弃物的数量、毒性和污染；对产品，要减少产品全生命周期对人类和环境的不利影响；对服务，要将环境因素纳入服务设计和实践中。清洁生产通过应用专门技术，改进工艺、设备和改变管理态度来实现。

“清洁生产”实现途径：产品替代（毒性、污染）；能源、材料替代（毒性、污染）；工艺、设备替代（消耗、效率、污染）；（最大化）提升利用限度（能源、原材料、厂内物料循环）；强化管理，减少浪费（跑、冒、滴、漏、物料流失）；控制排放（净化处理、综合利用、变废为宝）。

② 清洁生产的理论基础。清洁生产有深厚的理论基础，其实质是最优化理论。

在生产过程中，物料按平衡原理相互转换，生产过程中产生的废弃物越多，则物料消耗就越大，废弃物是由物料转化而来的。清洁生产实际上是如何满足特定条件下物料消耗最少，产品产出率最高。这一问题的理论基础是数学上的最优化理论，即废弃物最少量化可表示为目标函数，求解在各种约束条件下的最优解的问题。

由于清洁生产是一个相对概念，即清洁的生产过程和产品是与现有的生产过程和产品比较而言；资源与废物也是个相对概念，某生产过程的废物又可作为另一生产的原料。因此，废弃物最少量化的目标函数是动态的、相对的，故用一般的数学关系对较复杂过程进行优化求解比较困难。

目前清洁生产审计中应用的理论主要是物料平衡和能量守恒原理，旨在判定重点废物流，定量废物量，为相对的废物最小量化确定约束条件。在实际工作中，一可把求解出的值（相对单一过程）作为衡量现有废弃物产生量的标准；二可用国内外同类装置先进的废弃物产生量作为衡量的标准。凡达不到标准的，就要查找原因，制订可行方案，消除瓶颈。

③ 清洁生产的内容。

a. 清洁的能源。常规能源的清洁利用；可再生能源的利用；新能源的开发；各种节能技术等。

b. 清洁的生产过程。不用、少用有毒的原料和辅助材料；无废、少废的工艺；无污染的高效设备；无毒、低毒的中间产品；减少生产过程中的各种危险因素；节约资源，少用昂贵和稀有资源；物料的再循环利用；利用二次资源作原材料；完善的管理等。

c. 清洁的产品。在贮运、使用中和使用后无危害人体健康和生态环境的产品；合理使用其功能和寿命期；合理包装；易于回收、复用和再生；易降解、易处置等。

d. 清洁的服务。在一切服务中都要贯彻清洁生产的思想和要求。

11.3.2 审计体系下的环境管理手段

(1) 环境绩效审计

① 环境绩效审计的含义。环境绩效审计是由国家审计机关、内部审计机构和社会审计组织，依法对被审计单位的环境管理系统以及在经济活动中产生的环境问题和环境责任进行监督和评价，以实现对受托责任履行过程进行控制的一种活动。

环境绩效审计的本质与传统财务审计和绩效审计密切相关。传统财务审计主要是对受托经济责任履行状况的控制，对财务报表、财务数据是否遵循法律法规的合规性进行检查、鉴证。绩效审计的本质不仅是对受托经济责任的控制，更是对受托经营责任和受托管理责任的监督，而环境绩效审计是在绩效审计基础上，对日益恶化的环境进行管理和效果评价。

环境绩效审计准则至今还没有一套公认的准则。由于环境绩效报告通常要披露有害物质的排放量，需要由专门技术专家进行符合性测试和实质性测试，一般要采取多学科联合审计的方式。

② 环境绩效审计的类型。

a. 政府环境政策绩效审计。政府环境政策绩效审计主要是对政府制定的环境政策，包括环境经济政策和环境行政控制政策的效果进行评价。

评价时只考虑政策本身的实施效果，不考虑执行中的影响因素。评价应遵循以下 8 准则：政策的实施能否达到预期的目标（有效性）；在达到政策目标之前提下，政策实施的费用能否达到最小化（经济效益性）；各类不同的政策实施对象，对实施的成本效益是否可以接受（公平性）；环境管理机构和执行机构是否协调，管理成本和执行成本是否合理（监督管理的可行性和费用）；政策实施对象是否能够接受所实施的政策（可接受性）；环境政策是否与本国法律相一致（合法性）；评价所需的信息可以通过实地调查、问卷和利用相关审计的成果取得；对计划中的环境经济政策进行绩效审计风险性较大，可从已经实施的环境经济政策收集有关绩效信息，或从其他国家和地区收集信息作为参考。

b. 政府环境项目效益审计。进行政府环境项目效益审计首先要了解项目的实施背景、目标、计划等内容。如果项目被分解为在不同地区、不同阶段实施，还要了解项目分解情况。

在审计资源有限的情况下，应以是否实现项目目标为重点。

由于政府环境项目的目标很广泛，财务资料不能满足全面效益成本分析的需要，审计人员应灵活使用环境估值方法进行计算。有些项目还可以使用对比的方法，比较项目实施前后的环境质量和经济收益。在缺乏被审项目环境价值数据时，可以引用其他项目的数值来估算，这种方法被称为“效益转移法”。引用的数值可以从环境管理部门、科研部门以及国外的相关项目取得。不过可比的数值很少。由于环境项目的综合效益不可能在短期内完全体现，应对其实施跟踪审计。

c. 企业环境绩效审计。开展环境绩效审计是企业环境管理的有效工具。为了降低企业成本，实现经济效益和社会效益、微观效益和宏观效益的协调一致，企业可以通过定期开展环境计划、检测，协调内部环境控制措施、控制手续、控制程序和控制方法，对环境管理活动进行监督和评价，进而分析影响企业效益和效率的环境因素，健全环境管理控制系统，提高环境管理质量，促使企业合理开发和利用环境资源，履行企业的社会责任。

开展环境绩效审计是企业实现可持续发展的要求。企业在从事生产、经营、市场开拓、技术革新、产品开发等活动过程中都必须重视自身的环境形象和环境业绩，避免因某一项环境决策的失误，给企业正常的生产经营活动带来威胁。企业重视环境治理和保护，既造福社会又能使企业内部和外部环境得到优化，保证企业经营的可持续性。因此，企业开展环境绩效审计在一定程度上是响应政府环保政策的举措，更为重要的是企业长期发展的根本动因。

(2) 清洁生产审计

① 清洁生产审计的含义。清洁生产审计，是对组织现存的和计划进行的生产、服务以及相关活动中，污染来源、废物产生原因以及整体解决方案，进行持续的、系统的、规范的分析、评估、策划、实施、保持和改进的过程或程序。

清洁生产审计是组织进行清洁生产的重要前提，也是其关键和核心。旨在不断寻求、制订、实施能够低费高效地减少能源、水、原材料的使用，消除和/或减少产品、过程中有毒物质的使用，减少各种废弃物排放及其毒性，提高资源利用效率的方案，从而持续改进组织的环境。

② 清洁生产审计的目的和特点。通过清洁生产审计判定生产过程中不合理的废物流和物、能耗，分析其原因，提出削减方案并组织实施，从而减少废弃物的产生和排放、达到实现本轮清洁生产目标。

清洁生产审核具有以下特点：

a. 鲜明的目的性。它的目的是消除、减少废弃物的产生，它特别强调节能、减耗、减污的一致。

b. 完整的系统性。以生产过程为主体，考虑影响废弃物产生的各个方面设计一套发现问题、分析问题、解决问题、持续实施的完整体系。

c. 突出预防性。针对“末端治理”，特别强调要在生产全过程和产品生命周期及服务范畴中做到预防污染。这一思想贯穿于审计的全过程。

d. 符合经济性。生产全过程各个环节都从预防出发减少废弃物的产生，提高生产效率，降低成本，多出产品，少用资源、能源，减少末端治理的投资和运行费用。

e. 强调持续性。无论是审计重点选择，还是方案滚动实施均体现了从点到顶、逐步改进的持续性原则。

f. 注重可操作性。每一个步骤均能与企业的实际情况相结合。在审计程序上是规范的、在方案实施上是灵活的，当企业的经济等条件有限时，可先实施无、低费方案，积累资金、创造条件，逐步实施中、高费方案。

③ 清洁生产审计的步骤。清洁生产审计分以下 7 个阶段 31 项内容，详见图 11-6。

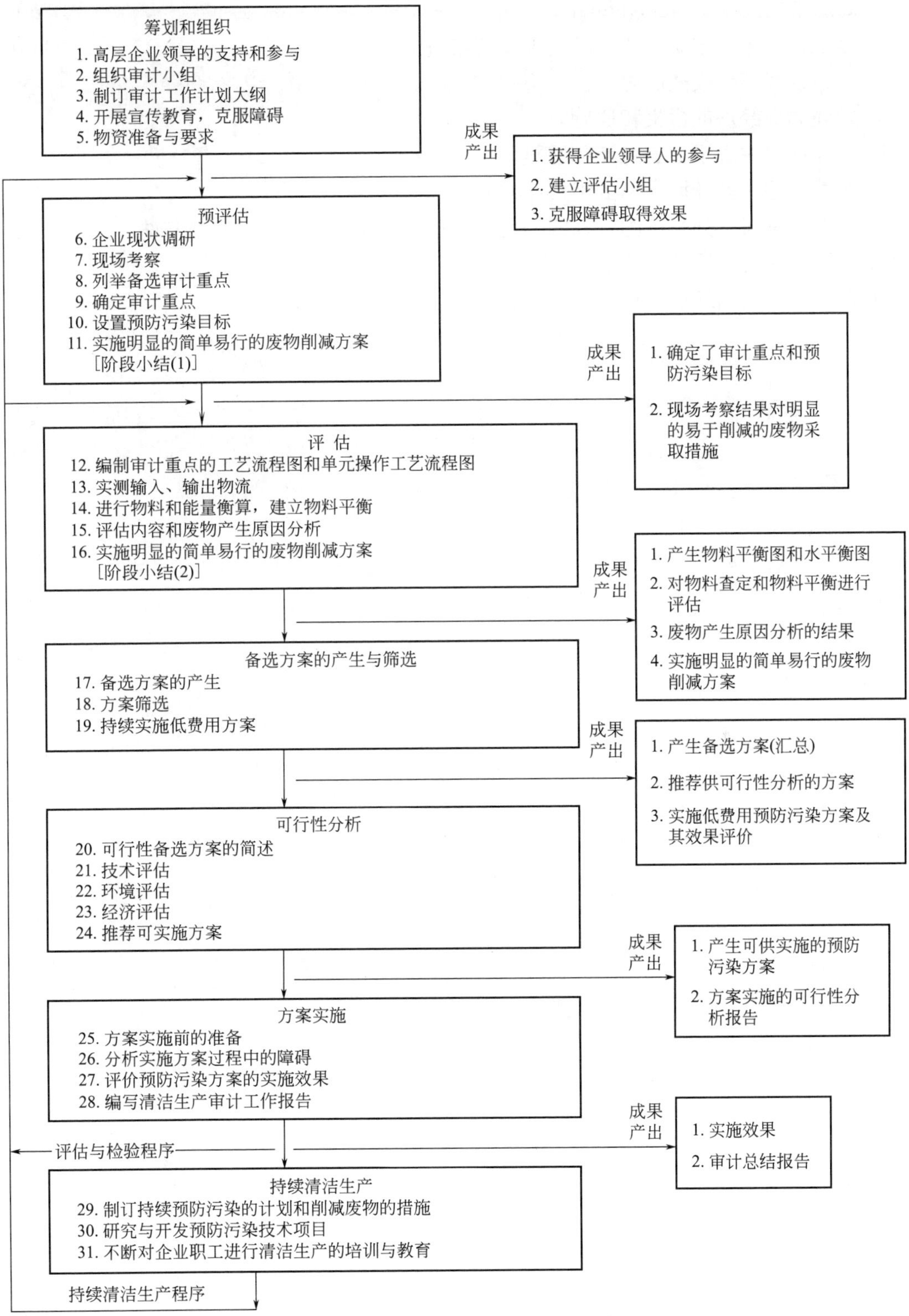

图 11-6 清洁生产审计步骤及内容

习题

在线习题

1. 简述末端控制的含义和弊端。
2. 客观评价末端控制传统环境管理模式实践的作用。
3. 简述现代环境模式的内容。
4. 简述循环经济的含义和原则。
5. 简述产品生态设计的特点和思路。
6. 简述我国Ⅰ型环境标志的组成和内涵。
7. 请查阅资料，列举德国、欧盟、北欧、日本等国家或地区的环境标志。
8. 简述产品生命周期评价的含义和步骤。
9. 简述污染预防环境管理模式的内容。

第12章
区域与建设项目环境管理

12.1 区域的环境管理

12.1.1 流域环境管理

(1) 流域环境管理的含义

流域一般以某一水体为主，包括此水体邻近的陆域，它往往分属于多个同一级别和层次的行政单元管辖，如省、市、县直至村。流域被赋予不同的、多样的功能，是一类特殊的区域。简单的流域可以由一条河流（或湖泊、水库）及其周边陆域组成，复杂一点的可以由一条干流和若干条支流及其周边陆域组成，更复杂的可以是由若干条干流、支流和若干个湖泊、水库联结而成。

由于水体的不同部分往往分属于不同的行政单元，比如黄河的上下游就分属于不同的省或市等，不同行政单元会根据各自的自然条件和社会经济发展需要，赋予它们不同的功能。另外，河流本身也被赋予不同的功能，例如，黄河的一部分，它可以被赋予运输、水产养殖、调节气候、农业灌溉甚至发电等功能。这就导致水体的功能安排会存在一定的差异，甚至尖锐的矛盾和冲突。

(2) 流域环境问题及其成因

① 水量方面的环境问题。水量问题可分为水量过多和水量过少导致的环境问题。水量过多会引起洪涝灾害问题，主要是由自然因素造成的，但人类行为的不当也是一个不可忽视

的原因。比如在河流上游滥伐森林，削弱了其涵养水分的能力；陆域地面过度硬化，减少了土壤的渗水能力等。水量过少会引起干旱问题，它使人类社会的生产、生活用水以及生态系统用水严重短缺。除自然因素外，人为引发水量过少的原因往往更为主要，如水资源使用的空间分配与产业分配不当，水资源使用的浪费等。

② 水质方面的环境问题。水质问题主要是水体污染问题。主要原因来自两方面：一是人类社会在水域上的活动，如航运过度、水产养殖过度以及围湖造田导致水环境净化能力的降低等；二是人类在水体周边陆域上的活动，如生活污水与工业废水直接排入水体等。其结果是水域生态系统的破坏甚至崩溃。

水量方面的环境问题与水质方面的环境问题是紧密联系在一起的。当水质受到污染时，流域中可供使用的水资源量就会减少；当水量很小时，水体自净能力下降，如果污染物排放量不变，那么水质将会更加恶化。因此在研究流域水环境问题时应该把水质、水量两方面问题综合起来考察。

(3) 流域环境管理的方法

① 行政管理机构改革。为实现流域综合统一管理，需建立决策、执行、监督三种职权相分离的环境管理机构，其组织框架设置如下。a. 流域决策机构，主要职能是制定政策（包括生态补偿政策、排污权交易政策等）、规划和各行政区域用水方案、排污方案等。b. 流域管理机构，是流域管理的具体办事机构，包括执行机构、监测机构、信息机构等。主要职能是负责具体的流域水事活动，其中包括定期发布各监测断面的水环境质量状况。c. 流域监督机构，是独立设置的监督机构。主要职能是监督管理国家法律法规和流域决策指定机构的政策、规划、用水方案和排污方案等。

② 制订全流域环境规划。制订全流域环境规划时，环境功能区的划分、排污总量的分配、水资源使用量的分配等都必须兼顾各行政单位和行为主体发展的合理需要，考虑到全流域社会经济总体实力提高的需要。

③ 完善立法。在统一立法的基础上，对重要的流域（如黄河、长江）实行专门的流域立法，使其更有针对性；在行政契约等法律手段保障的前提下，加强我国跨行政区水资源立法，强化流域管理机构执法和执法监督的职能。同时，要加快立法进程，并相应地制订流域管理基本原则、基本法律制度和运行机制。在立法过程中，应当增加利益相关方的立法内容，还需要规定流域上下游的补偿原则，采取适当的经济手段，调解上下游之间的矛盾。

④ 建立生态补偿和征税机制。流域生态补偿机制，是通过一定的政策手段实行流域生态保护外部性的内部化，让流域生态保护成果的受益者支付相应的费用，实现对流域生态环境保护投资者的合理回报和流域生态环境这种公共物品的足额提供，激励流域生态环境保护投资并使生态环境资本增值。通过财政转移支付等手段对上游为保护水资源而做出的经济利益牺牲给予补偿，流域污染的治理难题才能有效地解决。另外，对高污染企业征税也是防治污染的有效方式，包括对高污染产品进行征税和对资源或原材料征税。此外，通过明晰产权的方式，也可以使外部性内部化。

⑤ 构建公众参与机制。公众是水资源使用和水污染控制的直接参与者，他们的参与将会大大提高流域管理规划的可行性及水资源管理的效率，同时其防治污染的意识将增强，积极性也得以提高。最重要的是对破坏环境的多种行为将起到有力的监督作用，实现自上而下又自下而上的管理模式。

12.1.2 海洋环境管理

(1) 海洋环境管理的含义

海洋是一个特殊的区域，在海洋环境保护工作中，环境保护部门、海洋、海事、渔业及军队环境保护部门之间存在一种相互制约、相互监督、相互协作的关系。海洋环境，包括近海海域、海岸及远海海洋。海洋环境管理是环境保护部门发挥协调和监督职能，海洋、海事、渔业和军队环境保护部门发挥专项监督与管理职能，五部门须相互配合，统一协作，各尽其职，才能做好海洋环境保护工作。

(2) 海洋环境问题及产生原因

① 近岸海域海水污染及其污染源。2023 年我国管辖海域水质总体稳中趋好，近岸海域水质持续改善。夏季符合第一类海水水质标准的海域面积占管辖海域面积的 97.9%；近岸海域优良（一、二类）水质面积比例为 85.0%，同比上升 3.1 个百分点。劣四类水质海域主要分布在辽东湾、长江口、杭州湾、珠江口等近岸海域。监测的典型海洋生态系统 7 处呈健康状态、17 处呈亚健康状态、无不健康状态。入海河流水质状况总体良好；海水浴场水质、海洋渔业水域环境质量总体良好。

海洋污染源主要分为陆地污染源、海上污染源和大气型污染源，前两者是主要污染源。

a. 陆地污染源。一般是指临海工厂直接入海的排污管道，主要为工业排污管道、市政排污管道和入海河流等。

b. 海上污染源。一般为船舶、海上设施等的排放，主要污染物以石油类为主。随着交通运输业和海上石油开发的迅速发展，海上污染源的排放量呈增长趋势。

c. 大气型污染源。主要指大气降水或大气沉降使污染物进入海中。

② 近海海域生态破坏及其成因。长期以来，因围海造田，采挖矿石和珊瑚礁，滥伐红树林，岸滩堆放、弃置废弃物等行为，造成了近岸海域生态环境的严重破坏。此外，因超采地下水，沿海地区和城市出现海水倒灌和地下水污染的问题十分普遍。

(3) 海洋环境管理的途径及方法

海洋环境管理贯彻海洋环境污染防治与海洋生态保护并举，陆地环境保护与海洋环境保护并重的方针；实施以海洋环境容量和近岸海域污染状况为基础的污染物排放总量控制制度，从源头上扭转海洋环境质量恶化的趋势。

① 加强海洋法治建设，制订海洋环境保护规划。进一步加强海洋法治建设，完善海洋环境保护法规体系，依靠法律来规范海洋资源的开发、利用和保护活动，以有效控制海洋环境的破坏和影响。各级有关部门根据《中华人民共和国海洋环境保护法》的要求，制订开发和利用我国海域和海岸线的发展规划，根据不同海域、海湾的环境容量进行生产力的合理布局，并提出相应的环境保护目标和计划，作为国民经济发展计划的一个重要组成部分。

② 加强海洋环境监测与评价，建立海洋环境管理信息系统。完善国家、省、市、县相结合的海洋环境监测体系，开展海洋环境监测机构标准化建设。推进海洋环境监测网络建设，以实现对我国管辖海域各类环境要素的监测。建立海洋环境管理信息系统，并深化海洋环境监测信息分析评价，为各级政府部门在合理开发利用海洋资源和保护海洋环境方面的决

策及时提供准确、有效的信息和依据。

③ 实施污染物排海总量控制，编制实施近岸海域污染防治规划。依据海洋功能区划、近岸海域环境功能区划等，确定氮磷营养盐、化学需氧量、石油类等特征污染物的总量控制目标，制订并实施重点河口、海域各类污染物排海总量分配方案和削减计划，编制并实施近岸海域污染防治规划，改善近岸海域环境质量。

④ 建立海洋自然保护区，推进海洋生态系统修复。编制实施海洋生态保护与建设规划，加强海洋濒危物种保护和外来入侵物种防范的管理，增建海洋水生生物自然保护区和海洋水产种质资源保护区。加强海洋生态修复技术研究，实施海洋生态修复工程，保护与修复滨海湿地、盐沼、红树林、珊瑚礁和海草床等重要海洋生态系统。

12.1.3 城市环境管理

(1) 城市环境管理的含义

城市是人类社会政治、经济、文化、科学教育中心，人类的活动又反作用于这一特殊的生态系统，引发一系列环境问题，并造成经济损失，制约着城市的健康发展。城市环境管理，首先要总结城市存在的主要环境问题及其成因，并针对性地采取环境整治措施，以促进城市经济、社会和环境的协调、健康发展。

(2) 城市环境问题及其成因

目前，我国城市化仍处在加速发展阶段，城市人口的迅速膨胀，消耗着大量的自然资源和能源，同时，产生的大量污染物超过了城市环境的净化能力，从而造成不同程度的污染，包括大气污染、水污染、噪声污染、固体废物污染等。

① 城市大气环境污染。我国城市能源消耗以煤炭为主，在相当长的一段时间，大气污染物主要来自煤炭燃烧，相应地，燃煤产生的烟尘和二氧化硫占比较高。另外，随着机动车保有量的不断增加，汽车尾气也成为城市大气污染的重要来源。

近年来，我国政府和各级环保部门全面落实习近平生态文明思想和全国生态环境保护大会要求，坚决打赢蓝天保卫战，随着北方地区清洁取暖试点的实施、超低排放的煤电机组的改造、“散乱污”企业及集群综合整治的加强，城市大气环境质量有所改善，但是大气环境污染的问题依然突出。

根据《2019中国生态环境状况公报》，对337个城市6项污染物浓度年际比较显示，SO_2 和 PM_{10} 的浓度分别较2018年下降了15.4%和1.6%，O_3 的浓度上升了6.5%，CO、$PM_{2.5}$ 和 NO_2 的浓度与2018年持平。另外，180个城市环境空气质量超标，占比达53.4%，以 $PM_{2.5}$、O_3、PM_{10} 等为主要污染物。

当然，由于城市的经济状况和地理位置不同，城市大气污染的主要问题也不同，例如，2019年，酸雨区面积约占国土面积的5.0%，主要分布在长江以南至云贵高原以东地区，主要包括浙江、上海的大部分地区、福建北部、江西中部、湖南中东部、广东中部和重庆南部。

② 城市水环境污染。近年来，全国各级部门不断落实生态文明思想和全国生态环境保护大会要求，持续打好碧水保卫战。通过全面控制污染物排放、黑臭水体的治理、入河入海排污口排查、工业园区污水整治专项行动、建制农村环境综合整治等措施，水环境质量不断

得到改善，但是水环境污染的问题依然严峻。

根据《2019 中国生态环境状况公报》，全国地表水监测的 1931 个水质断面（点位）中，Ⅰ～Ⅲ类水质断面（点位）占 74.9%，比 2018 年上升 3.9 个百分点；劣Ⅴ类占 3.4%，比 2018 年下降 3.3 个百分点。主要污染指标为化学需氧量、总磷和高锰酸盐指数。全国 2830 处浅层地下水水质监测井中，超标指标为锰、总硬度、碘化物、溶解性总固体、铁、氟化物、氨氮、钠、硫酸盐和氯化物。

③ 城市固体废物污染。城市固体废物主要是工业废渣和生活垃圾。早在 1994 年，我国城市工业废渣产生量为 6.2×10^8t，累计堆存量达到 64.6×10^8t，占地 557km^2。

根据《2020 年全国大、中城市固体废物污染环境防治年报》，2019 年，196 个大、中城市一般工业固体废物、工业危险废物、医疗废物和生活垃圾产生量分别为 13.8×10^9t、4498.9×10^9t、84.3×10^4t 和 23560.2×10^4t，其中，一般工业固体废物和工业危险废物贮存占比分别为 23.6%和 14.3%。固体废物的处理、贮存不仅要占用大量城市和农村用地，加剧已经非常紧张的人口与居住、绿地、城市空间的矛盾，同时，若固体废物处置不当还会给地下水、地表水和环境空气带来严重的二次污染。

④ 城市噪声污染。城市噪声主要来源于城市交通、工业生产、建筑施工和社会生活等，尤其随着城市机动车保有量的不断增加，城市交通噪声污染最为严重。

根据《2019 中国生态环境状况公报》，开展昼间道路交通声环境监测的 322 个地级及以上城市平均等效声级为 66.8dB；开展功能区声环境监测的 311 个地级及以上城市各类功能区昼间达标率为 92.4%，夜间达标率为 74.4%。

(3) 城市环境管理的内容和方法

① 环境保护目标责任制是城市环境保护实施综合决策的基础。环境保护目标责任制是我国环境保护的“八项”制度之一，对污染防治和城市环境改善起着十分重要的作用，是城市环境保护实施综合决策的基础。我国《中华人民共和国环境保护法》（2015 年实施）第六条明确规定：“地方各级人民政府，应当对本辖区的环境质量负责。”这一规定的具体实施方式是以签订责任书的形式，规定省长、市长、县长在任期内的环境目标和任务，并作为对其进行政绩考核的内容之一，以引起地方和城市主管领导对环境问题的重视，实施该制度是实现地区和城市环境质量改善的关键。

② 城市环境综合整治。城市环境综合整治是指在城市政府的统一领导下，从整体出发，以最佳的方式利用城市环境资源，通过经济建设、城市建设与环境建设的同步规划、综合平衡，达到“三个效益”的统一，并综合运用各种手段，对城市系统进行调控、保护和塑造，全面改善环境质量，使城市生态系统实现良性发展。城市环境综合整治已成为我国城市环境管理的一项重要政策。

城市环境综合整治的主要内容涉及城市工业污染防治、城市基础设施建设和城市环境管理三个方面。具体内容包括制订环境综合整治计划并将其纳入城市建设总体规划，合理调整产业结构和生产布局，加快城市基础设施建设，改变和调整城市的能源结构，发展集中供热，保护并节约水资源，加快发展城市污水处理，大力开展城市绿化，改革城市环境管理体制，加大城市环境保护投入等。

③ 城市环境综合整治定量考核。城市环境综合整治定量考核制度以量化的环境质量、污染防治和城市建设的指标体系综合评价一定时期内城市政府在城市环境综合整治方面工作的进展情况，激励城市政府开展城市环境综合整治的积极性，促进城市环境管理制度的改

善。城市环境综合整治定量考核的主要内容涉及城市环境质量、城市污染防治、城市基础设施建设和城市环境管理 4 个方面。国家按统一制订的指标体系对城市进行考核，并将年度考核结果通过媒体向社会公布。通过城市环境综合整治定量考核制度的实施，实现城市环境管理工作由定性管理向定量管理的转变。

④ 创建环境保护模范城市。该政策以实现城市环境质量达到城市各功能区环境标准为目标，用涉及基础条件、社会经济、环境建设、环境质量及环境管理五类共 27 项内容的环境保护模范城市评价体系，引导城市走可持续发展的道路，不断改善城市环境，建设生态型城市。环境保护模范城市在城市环境改善和实施城市可持续发展方面为全国其他城市树立了榜样，在总体上促进了城市的环境保护。

⑤ 城市空气质量报告制度。2019 年 1 月，国务院环境保护委员会要求全国 46 个环境保护重点城市通过新闻媒介向全社会发布空气质量周报。空气质量周报的主要内容包括：空气污染指数、空气质量级别和首要污染物。空气质量报告制度的开展，对提高公众环境意识，加强环境监督，改善城市环境起到了积极的作用。

⑥ 提高城市环境保护部门的管理水平。城市环保部门承担着城市环境管理执法监督的重要职责，同时，环境管理是专业性、技术性很强的工作，对工作人员的专业素质要求较高。为了适应目前城市化进程不断加快和城市环境管理现代化、科学化、规范化的需要，提高环保部门城市环境管理能力，急需通过定期检查、专项调查、集中培训等形式，提高城市环境管理人员的素质。

⑦ 加强对企业和建设项目的环境管理。加强对企业的环境管理，加大钢铁、有色、建材、化工、电力、煤炭、造纸、印染、制革等行业落后产能淘汰力度，切实执行取缔、关闭和停产政策。积极倡导企业实施清洁生产和环境污染的全过程管理。在项目建设过程中严格执行环境影响评价和三同时制度，在项目建成后，做好日常的环境监督和检查工作。实施污染物浓度和总量双控，根据城市环境质量现状，在确保污染物浓度达标排放的基础上，不断削减污染物的排放总量，通过污染物浓度和总量双控制措施，不断改善环境质量，实现功能区达标。

12.1.4 开发区环境管理

(1) 开发区环境问题与特征

开发区是指由各级人民政府批准在城市规划区内设立的经济技术开发区、保税区、高新技术产业开发区、国家旅游度假区等实行国家特定经济优惠政策的不同类型的区域。自改革开放以来，我国不同级别城市的开发区建设蓬勃发展，对改善投资环境、吸引和利用外资、调整经济结构和经济布局、推动区域社会经济的发展具有促进作用。然而，这类特殊的人工生态系统，开发行为集中的特点不可避免地对自然环境产生强烈的作用，其环境问题具有以下特点：

① 开发强度大，开发行为集中，造成了开发区生态环境受冲击严重，变化剧烈，不易恢复。

② 生态环境的变化趋势具有不确定性，这是由于开发区的开发方案、投资强度不确定造成的。

③ 环境污染物的种类多、来源复杂。我国开发区的经济活动一般以工业为主，结合贸易、旅游，并带有出口加工和自由贸易性质，具有明显的综合性、开放性的外向型开发区的产业结构，在初建时主要由劳动密集型的来料加工、补偿贸易等项目组成，规模也以中小型为主，随即向劳动与技术双密集型转变，使污染源与污染物向多样化发展。

（2）开发区环境管理的原则

① 必须坚持环境规划优先的原则，对开发区社会经济建设与环境保护统筹安排，作出合理布局。对可能出现的环境问题防患于未然，通过提高自然资源的利用率和综合整治，努力减少废物排放和治理投入。

② 必须坚持与科技进步、经济结构调整、强化企业内部科学化管理相结合的原则。产业结构不合理、管理及技术落后等是造成生态破坏、环境污染的主要原因。因此，在开发区引进项目时，应根据区域环境特征，严格执行清洁生产的审计工作。

③ 必须坚持防治结合，以防为主的原则。既要采用新工艺、新设备，减少污染物的排放，又要集中处理末端产生的污染物；既要制订严格的污染物排放标准，又要建立和完善环境保护法律保证体系。

（3）开发区环境管理的途径

① 制订环境规划。环境规划是环境管理最有力的手段之一。为各种类型的区域开发行为制订针对性的环境规划，是区域开发行为环境管理的主要内容。对开发区的社会经济建设与环境保护预先进行统筹安排，通过提高自然资源利用率和综合整治，努力减少废物排放和治理投入。

区域开发行为环境规划的内容和方法，可以借鉴城市、流域、产业的环境规划，但更多地需要结合区域特点和开发特征，根据其空间范围大、时间尺度长、具有风险性和不确定性等特点，着重从政策和战略层次上制订环境管理的目标和对策。

② 严格执行开发区区域环境影响评价。环境影响评价制度是体现预防为主的环境管理制度之一。通过执行开发区区域环境影响评价，一方面可对拟定的开发区各规划方案进行环境影响分析比较和综合论证，提出完善开发区规划的建议和对策，另一方面，根据区域的环境质量特征，提出合理的污染物排放总量控制方案，为开发区具体项目的引进提供参考。

③ 开展环境监测和预警工作。根据区域开发行为的特点，环境管理还需加强环境监测工作，对开发行为时间较长的区域，要特别注意在区域开发过程中的后续环境监测工作，及时发现出现的环境问题；此外，还要开展环境预警工作，针对一些重要的环境敏感目标，加强环境预警，及时发布和反馈预警信息，以对区域开发行为进行必要的调整和控制。

12.1.5 农村环境管理

（1）农村环境问题及来源

随着我国农村经济与快速发展与小城镇建设步伐加快，农村对资源和能源的利用强度不断加大，由此引发了生态破坏与环境污染问题。农村环境问题主要源于乡镇企业“三废”排放及农业生产过程。

① 生态系统。

a. 水土流失。水土流失不仅会导致土壤肥力下降、养分损失，而且土壤中氮、磷、钾等大量营养物质进入水体后，会加重水体的污染并可能诱发水体发生富营养化。若农业生产结构不合理，或植被破坏，会造成水土流失。2023 年，全国共有水土流失面积 262.76 万平方公里。与 2022 年相比，水土流失面积减少了 2.58 万平方公里，减幅 0.97%。全国水土保持率达到 72.56%。

b. 土地荒漠化。荒漠化的发展不仅降低了土地利用价值，而且导致气候恶化，严重影响农业生产和人们的生活活动。长期以来，我国始终将防沙治沙作为荒漠化防治的核心任务，通过大力实施“三北”防护林体系建设、退耕还林还草、京津风沙源治理等重点生态工程，成功探索出生态保护修复与民生改善相结合的荒漠化防治路径。数据显示，我国 53% 的可治理沙化土地已得到有效治理，沙化土地面积净减少 6500 万亩。

c. 土壤盐碱化。土壤盐碱化是干旱地区土壤的一个环境问题，盐碱地的产生使得大面积的土壤资源难以利用。党的十八大以来，习近平总书记高度重视盐碱地综合改造利用工作，多次深入盐碱地区域实地考察，发表一系列重要讲话，作出一系列重要指示批示。目前，中国有 40 多种处理盐碱地的方法或技术，同时，中国育种者已经培育出耐盐碱的作物品种。

② 农业面源污染。

a. 化肥污染。过量和不合理施用化肥，会加剧河流、湖泊和海洋等水体的富营养化，促使农作物中硝酸盐富集并超标，导致土壤物理性状变差、团粒结构遭到破坏、土壤板结、保水保肥能力降低。

b. 农药污染。在农业生产中，农药能有效防治病虫害、杂草及外来物种侵害，降低人力成本，推动规模化生产，维护生态平衡，保障粮食稳产增收，对农业生产、生态保护及粮食安全具有不可替代的作用。作为使用量较大、施用范围较广的重要生产资料，正常情况下农作物对农药的吸收率可达 30%～40%，这对促进作物健康生长、提升农业产量至关重要。但若使用不当，农药可能引发一系列环境问题，包括水体污染、生态失衡及生物多样性威胁等。

c. 养殖业污染。随着畜禽养殖业集约化程度的提升，畜禽粪便的产量也随之增加。未经处理的畜禽粪便及高浓度有机废物排入地表水体后，不仅造成水质恶化，还会引发水体富营养化；其散发的恶臭气体污染大气环境：而高浓度养殖废水若直接用于农田灌溉，则会导致土壤污染。提高畜禽粪污综合利用率是主要的解决方法。数据显示，2023 年我国畜禽粪污综合利用率达 78%，其中肥料化利用占比超 60%，利用量约 12.14 亿吨；能源化利用率为 11.29%，利用量约 2.11 亿吨。

d. 地膜污染。地膜在农业生产中具有重要作用，不仅能显著提高地温、保持土壤湿度，还能有效抑制杂草生长。然而，地膜使用后产生的残膜会带来诸多问题：残膜碎片会破坏土壤孔隙连续性，阻碍水分下渗，降低土壤抗旱能力，甚至引发土壤次生盐渍化：残膜还会阻碍作物根系生长，影响水分和养分吸收，降低肥效，导致作物减产；此外，残膜会破坏农村环境景观，造成白色污染；若混入牧草，更可能损害牲畜消化系统，严重时导致死亡。目前主要解决方案有两种：一是推广加厚地膜并建立完善回收体系以减少残留；二是采用全生物降解地膜替代传统地膜，从源头上解决污染问题。

e. 资源综合利用。自 2019 年起，农业农村部建立了涵盖 13 种主要农作物的全国秸秆资源台账，推动全国农作物秸秆综合利用率稳步提升。2021年，全国农作物秸秆利用量达6.47亿吨，综合利用率提升至88.1%，较2018年增长3.4个百分点。农业农村部坚持“农用为主、多元利用”原则，指导各地立足资源禀赋、耕作特点和产业现状，强化顶层设计，统筹推进秸秆科学还田与离田高效利用。

③ 乡镇工业企业污染。我国乡镇工业企业数量多、规模小、行业复杂、布点分散，是农村环境问题的又一个重要原因。乡镇企业带来的环境问题主要有：

a. 废气污染。乡镇工业废气污染主要来源于建材行业，如小水泥厂、砖瓦厂、石灰厂等。含硫废气及粉尘会造成农作物大量减产，给农业生态环境造成了持久的影响。

b. 废水污染。乡镇工业企业中，废水危害较严重的行业有小化肥、小化工、酿造、屠宰、冶炼、铸造、造纸、印染、电镀和食品加工等。

c. 废渣污染。乡镇工业企业废渣的主要来源为采掘业，废石和尾矿等，对土壤、水体和大气都会造成不同程度的污染。

(2) 农村环境改善途径

① 制订并实施农村环境规划。解决农村环境问题的根本途径之一是制订合理的农村环境规划。通过规划调整乡镇企业的发展方向，合理安排乡镇工业布局，加强水资源保护，促进农村生态环境的良性发展。

② 发展生态农业。发展生态农业，实现农业自然资源的合理、持续利用是解决农村环境问题的重要内容。坚持因地制宜、链式发展和持续利用的原则，根据当地农业的地理环境，结合水、土地、植物、动物、矿产资源的类型和分布情况，以生态保护和资源持续利用为前提，确立适合本地区发展的生态农业模式。

③ 加强农村地区环境法治建设。加强农业地区环境法治建设，提高人民依法保护环境的意识，是改善农村环境的途径之一；主要包括加强农村环境保护宣传、加大环境执法力度、加强环境法治教育等内容。

④ 加强土壤污染防治。加强土壤污染防治是农村环境管理的又一重要内容，农村土壤污染主要源于污水灌溉、农药和化肥的不合理使用、固体废物堆放引起的二次污染。

⑤ 加强对乡镇工业企业的环境管理。

a. 制订乡镇工业环境保护计划。各类污染型工业都应该根据当地环境保护的战略目标和任务，制订相应的环境保护计划，其重点和要点是工业污染的排放控制、工业污染的治理项目、环保资金来源和环保组织机构。在制订环保计划时，要用综合的、全面的、系统的观点来处理自身经济、资源、环境间的协调发展问题。

b. 建立健全乡镇企业管理体制，提高负责人的环境管理水平和能力。建立适合于乡镇企业环境管理的法规、制度和措施体系；健全乡镇企业环境管理机构及县级环境监测站等科技服务支持体系；关注并提高乡镇企业领导人的环保意识、环境管理水平和能力。

c. 组建工业园区，合理安排乡镇工业布局。组建工业园区，实行工业与农业的相对分离，是乡镇工业处理好与农业的关系和长期持续协调发展的保证，也是乡镇企业与环境、资源协调发展的保证；严格遵守国务院《关于加强乡镇、街道企业环境管理的规定》，合理安排乡镇工业的布局；同时，调整乡镇企业产业结构和乡镇工业行业结构，控制新污染源的发展。

d. 充分发挥市场经济体制的功能。利用经济杠杆的作用，调动乡镇企业治理污染、保护环境的积极性。坚持污染者自负的原则，加大排污收费的力度，开征生态补偿费，利用经济杠杆，引导企业自发地开展污染治理和生态环境的保护工作。

e. 开发并推广适合乡镇企业的污染防治技术。根据乡镇企业的特点，开发和推广适合于乡镇企业的污染防治技术。

f. 推行清洁生产，将污染消灭在生产之中。推行清洁生产就是要通过改革工艺，更新设备，提高技术和管理水平，来降低物耗、能耗和水耗，并降低污染物的排放，最终达到控制污染的目的。

12.2 建设项目环境管理

(1) 建设项目环境管理的程序

建设项目的环境管理一般分为建设项目的确立阶段、实施阶段和运行阶段三阶段来进行，如图 12-1 所示。

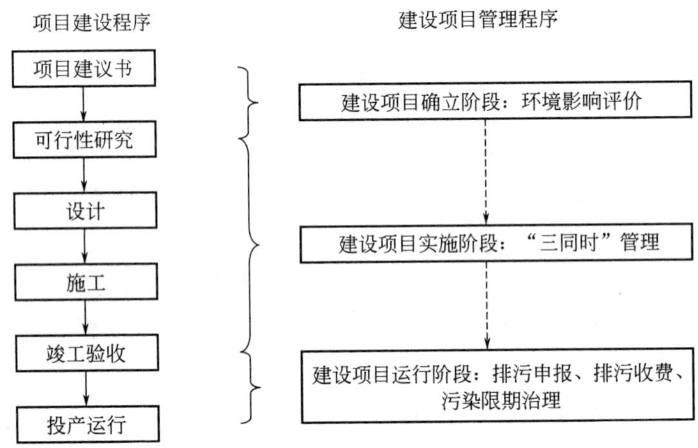

图 12-1 建设项目环境管理程序示意图

对于一个建设项目，环境保护部门应首先根据相关环保政策、区域规划和技术要求，对该项目是否符合国家的有关产业政策和区域环境规划要求等进行审批，确定该项目是否可以立项，并在此基础上对批准立项的项目进行环境影响评价管理，这是建设项目确立阶段的环境管理；在建设项目的实施阶段，环境保护部门主要是依法对该项目进行"三同时"管理，确保环保设施与主体工程同时设计、施工和投入运行，并达到环保要求；在建设项目的运行阶段，环境保护部门则依法进行该项目的排污申报登记、排污收费管理和对运行期间造成污染的情况进行污染限期治理管理。

(2) 建设项目环境管理的内容

① 建设项目确立阶段环境管理的内容。建设项目确立阶段，环境管理的主要内容是进

行环境影响评价管理，其流程和职责如图 12-2 所示。在环境影响评价中，项目开发建设单位、环境影响评价单位和环境保护部门各自承担不同的责任。

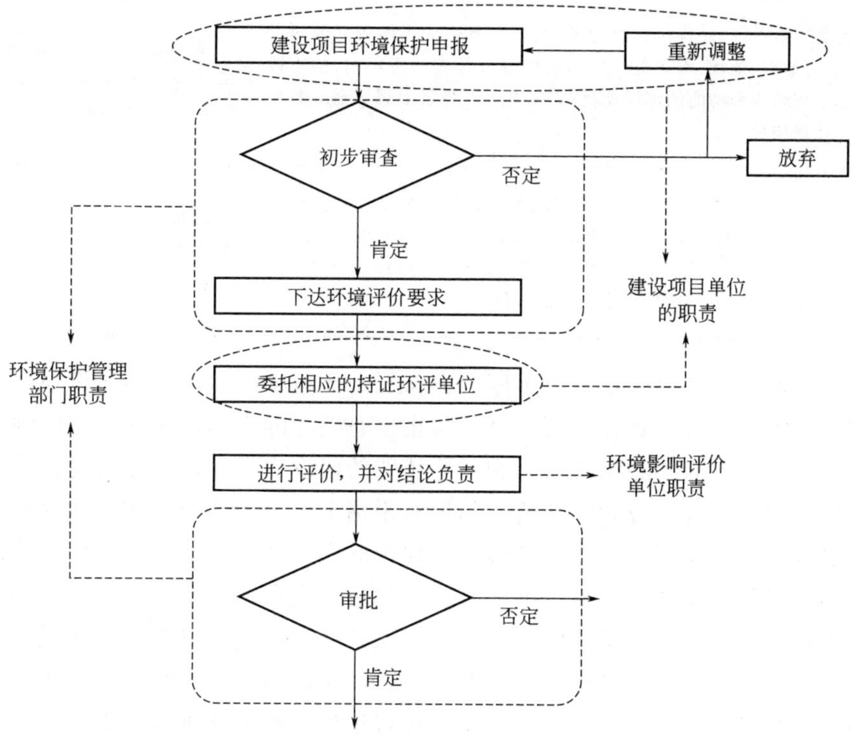

图 12-2　建设项目确立阶段的环境管理流程和职责

环保部门根据《建设项目环境保护管理条例》及《建设项目环境影响评价分类管理名录》和当地的环境保护规划目标，下达环境影响评价要求（见表 12-1），以便于从技术角度对建设项目进行评价，确定该项目进行设计施工时所应采取的污染防治措施和生态保护措施。

根据国家《建设项目环境保护管理条例》的要求，建设单位应当在开工建设前将环境影响报告书、环境影响报告表报有审批权的环境保护行政主管部门审批；未依法经审查或审查后未予批准的，建设单位不得开工建设。

表 12-1　建设项目环境影响评价分类管理原则

影响程度	所涵盖的主要类型	环境影响报告等级	评价要求
重大影响	①原料、产品或生产过程中涉及的污染物种类多、数量大或毒性大、难以在环境中降解的建设项目；②可能造成生态系统结构重大变化、重要生态功能改变或生物多样性明显减少的建设项目；③可能对脆弱生态系统产生较大影响或可能引发和加剧自然灾害的建设项目；④容易引起跨行政区环境影响纠纷的建设项目；⑤所有流域开发、开发区建设、城市新区建设和旧区改建等区域性开发活动或建设项目	编制环境影响报告书	对建设项目产生的污染和对环境的影响进行全面、详细的评价

续表

影响程度	所涵盖的主要类型	环境影响报告等级	评价要求
轻度影响	①污染因素单一，而且污染物种类少、产生量小或毒性较低的建设项目；②对地形、地貌、水文、土壤、生物多样性等有一定影响，但不改变生态系统结构和功能的建设项目；③基本不对环境敏感区造成影响的小型建设项目	编制环境影响报告表	对建设项目产生的污染和对环境的影响进行分析或者专项评价
影响很小	①基本不产生废水、废气、废渣、粉尘、恶臭、噪声、振动、热污染、放射性、电磁波等不利环境影响的建设项目；②基本不改变地形、地貌、水文、土壤、生物多样性等，不改变生态系统结构和功能的建设项目；③不对环境敏感区造成影响的小型建设项目	填报环境影响登记表	不需要进行环境影响评价

在环境影响评价管理中应注意以下问题：首先，环境影响评价作为建设项目确立阶段环境管理的主要内容，能否起到控制新污染、防止生态破坏的作用，保证环境影响评价的时限有效是关键之一。一方面，除了铁路、交通等特殊的建设项目外，一般的建设项目必须在项目的可行性研究阶段完成环境影响评价。如果时限滞后，就难以保证环境影响评价在设计、施工和验收阶段的指导作用，失去了环境影响评价的作用和意义。另一方面，建设项目的环境影响报告书、报告表或登记表自批准之日起5年后建设项目才开工建设的，环境管理部门应对其重新审核，以保证评价结论的有效性。其次，环境影响评价工作的质量是保证环境影响评价制度切实有效的又一关键因素。一般来说，环保部门可先组织环保专家组成的环境影响评价评估专家组对环评单位作出的环评结论进行论证，然后再进行审批，以保证环评结论的正确性。

② 建设项目实施阶段环境管理的内容。通过环境影响评价并完成可行性研究的建设项目进入设计、施工和试生产阶段，即项目的实施阶段。这一阶段的环境管理主要是落实“三同时”制度。“三同时”就是要求环保设施与主体工程同时设计、同时施工、同时投入使用。

a. 设计阶段。建设单位应按环境影响报告书（表）及其审批意见所确定的各种环保措施，将建设项目的环境保护目标和防治对策转化为具体的工程措施和设施，并落实到项目的设计中，以保证达到预期的环境保护目标和同时设计的要求。环境保护部门则对建设项目设计中的环境保护篇章进行审批。

b. 施工阶段。施工单位应根据设计单位提出的施工图，按设计要求和施工验收规范的规定组织施工。设计图纸及文件中所包含的各项环境保护设施必须在这个阶段中和全部设施一起完成，并具备投产条件。因此，这一阶段环境管理的中心是抓好环境保护设施的“同时施工、同时投产”任务的检查和落实。环境保护部门可通过不定时环境抽样监测或环境监理进行建设项目的环境管理。

c. 验收和生产准备阶段。项目建成试车（试产）时，环境保护设施应与主体工程同时试车，或者联动试车这一阶段，环境管理的主要任务是进行建设项目竣工环境保护验收，对项目环境保护措施的建设情况及其效果进行检查，把好环保设施竣工验收关，这是严格执行“三同时”制度的关键，也是“三同时”管理的重点。建设单位是建设项目竣工环境保护验收的责任主体，组织对配套建设的环境保护设施进行验收，编制验收报告，并公开相关信息，接受社会监督。验收合格后，其主体工程方可投入生产或者使用。

③ 建设项目运行阶段环境管理的内容。建设项目运行阶段，环境管理的主要内容是进行排污申报登记、排污收费和污染源监察，并对超标排污的污染源进行污染限期治理管理。

通过环境保护设施竣工验收的建设项目，须按所在地环境保护行政主管部门指定的时间填报《排污申报登记表》。排污单位的行业主管部门负责审核所属单位排污申报登记的内容，县级以上环境保护行政主管部门对管辖范围内的排污单位进行现场检查，核实排污申报登记内容，对排污申报登记实施统一监督管理。

对运行中排污的建设项目，环境保护行政主管部门依法确定并核实排污费数额，并向排污者送达排污费缴纳通知单，排污者根据通知单缴纳排污费。对超标排污的将加倍增收其排污费，并依法责令其限期治理。限期治理的期限可视不同情况定为 1 至 3 年；对逾期未完成治理任务的，由县级以上人民政府依法责令其关闭、停业或转产。

习题

在线习题

1. 何为区域环境管理?
2. 简述流域环境问题及环境管理的主要方法和途径。
3. 简述海洋环境问题、成因及环境管理的途径和方法。
4. 简述城市环境管理的内容和方法。
5. 开发区环境管理的特征与基本途径。
6. 简述农村环境问题及改善措施。
7. 简述建设项目环境管理的程序。

第 13 章 环境监察

13.1 环境监察的内涵、任务和职责

(1) 环境监察的内涵

环境监察是一种具体的、直接的、微观的环境保护执法行为，是环境保护行政部门实施统一监督、强化执法的主要途径之一。环境监察是“日常、现场、监督、处理”，要突出“现场”和“处理”这两个概念，即环境监察是在环境现场进行的执法活动。环境监察具有委托性、直接性、及时性、强制性和公正性的特点。

环境监察按时间的不同分为事前监察、事中监察和事后监察；按环境监察的活动范围分为一般监察与重点监察；按环境监察的目的分为守法监察与执法监察。

环境监察五公开包括：公开办事机构和人员身份、公开工作制度和工作程序、公开排污收费标准、公开行政处罚情况和公开举报电话和投诉部门。

环境监察是环境监督管理中的重要组成部分。环境监督管理必须含有现场监督检查的内容，只有深入现场，才能真正搞清有关环境法律、规章、制度的实际执行情况，识别管理相对人的实际环境行为。环境监察将现场监督检查工作统一起来，强有力的、高效的现场执法活动有力地保证了环境监督管理职责的实现。

(2) 环境监察的主要任务

环境监察的主要任务，是在各级人民政府环境保护部门领导下，依法对辖区内污染源排放污染物情况和对海洋及生态破坏事件实施现场监督、检查，并参与处理。环境监察的核心是日常监督执法，通常情况下同级之间不能够直接越区执法。

(3) 环境监察的职责

环境监察的职责包含以下 12 项内容：

① 贯彻国家和地方环境保护的有关法律、法规、政策和规章。

② 依据主管环境保护部门的委托，依法对辖区内单位或个人执行环境保护法规的情况进行现场监督、检查，并按规定进行处理。

③ 负责污水、废气、固体废物、噪声、放射性物质等超标排污费和排污水费的征收工作。

④ 负责排污费财务管理和排污费年度收支预决算的编制以及排污费财务、统计报表的编报会审工作。

⑤ 负责对海洋和生态破坏事件的调查，并参与处理。

⑥ 参与环境污染事故、纠纷的调查处理。

⑦ 参与污染治理项目年度计划的编制，负责该计划执行情况的监督检查。

⑧ 负责环境监察人员的业务培训，总结交流环境监察工作经验。

⑨ 承担主管或上级环境保护部门委托的其他工作任务。

⑩ 核安全设施的监督检查。

⑪ 自然生态的保护监察。

⑫ 农业生态的环境监察。

13.2 污染源监察

13.2.1 污染源监察的内涵

污染源监察是环境监察部门依据环境保护法律、法规对辖区内污染物的排放、污染治理和污染事故以及有关环境保护法规执行情况进行现场调查、取证并参与处理的具体执法行为。

污染源监察的实质是监督、检查排污单位履行环境保护法律、法规的情况，污染物的排放和治理情况。通过监察可以发现违法、违章行为，督促排污单位自觉减少污染物的产生与排放，主动采取防治措施实施污染物总量控制和达标排放，达到保护辖区环境质量的目的。

实施污染源监察，可以加强环境保护制度的贯彻落实，促进对排污单位加强环境管理和排污收费制度的落实，利于企业升级、结构调整、清洁生产和实施污染预防战略，有助于总量控制的实施和环境质量的改善。

13.2.2 污染源监察的一般内容

(1) 排污单位落实内部环境管理制度的监察

① 对企业环境管理机构设置监察。企业环境保护工作范围广、内容复杂、工作量大，具有综合性、技术性强等特点。监察的主要内容是监察企业的内部的环境管理机构设置是否

完善健全，是否履行其职责。

② 对企业环境管理人员进行监察。企业环境管理机构必须将环境保护责任落实到人，法定代表人是企业污染防治的法定责任人，承担着政府环境保护责任目标中所规定的污染物消减和防止造成污染的责任目标。

企业环境管理人员可以是专职的，也可以是兼职的，但必须经过培训并持证上岗。企业环境监测人员和企业内部污染防治设施的运行管理人员原则上也应持证上岗。

监察的主要内容是监察企业的内部环境管理人员的专业水平、学历结构、环保责任制度、持证上岗等情况是否符合有关要求。

③ 企业环境管理制度建设监察。企业环境保护规划是企业根据自然环境条件、社会经济发展趋势和本企业的发展趋势对企业一定时期内环境保护目标和措施所作出的规定，促使企业生产与环保协调发展。

企业作为法人单位，是最基层的环保目标承担者和落实主体，应当完成政府制定的环保目标。为此，企业应在内部实行分项目标责任制，明确各项指标的具体责任部门和责任人，确保指标层层落实，实现目标化、定量化和制度化的管理。

为了使企业各项环境保护工作规范化，企业应根据环境保护法规制定一些具体的规章制度（如环境监测制度、污染防治设施运行操作规程及管理制度、污染源档案管理制度、环保人员岗位职责等），以提高管理的可操作性。

(2) 进行工况运行条件下的调查，排除污染隐患

环境监察人员应深入企业的生产车间、班组、岗位，调查工艺、设备及生产状况，了解污染产生的原因、产污规模、排污去向，帮助企业及时发现非正常产污和排污行为及污染隐患。工况调查有助于督促企业采取有效技术及管理措施，减少污染物排放，防止污染事故的发生。

工况调查的内容主要包括：检查生产使用的原材料；对生产工艺、设备及运行的调查；检查产品的贮存与输移过程；检查生产变动情况。

(3) 排污单位的污染源守法监察

① 环境管理制度执行情况监察。环境管理制度执行情况监察的内容主要包括：环境影响评价制度和“三同时”制度的执行情况监察、排污申报登记与排污许可证制度的实施情况监察、环境保护目标责任制的实施情况监察、排污收税执行情况检查和限期治理制度的执行情况监察。

② 污染物排放情况监察。污染物排放情况监察的主要内容有：污染物排放口（源）的类型、数量、位置，各排污口（源）排放污染物的种类、数量、浓度，排放方式和排放去向及环境危害等。特别要注意异常情况的监察，如各种参数的变动情况、偷排行为、事故情况等。

③ 污染治理情况监察。污染治理情况监察的主要工作内容有：了解各排污单位拥有污染治理设施的类型、数量、性能；监察污染治理设施管理维护情况、运行情况、运行记录，是否存在不正常停运情况，是否按规程操作；核查污染物处理量、处理率及处理达标率等，监察有无违法、违章或直接排污的行为。

(4) 指导性监察

环境监察人员不仅要依法监督、检查各种环境违法行为，还要树立服务意识，有责任、有义务协助排污单位搞好环境管理工作，做到“预防为主，防治结合”，积极主动地利用环保部门的优势，给企业提供信息和建议，使企业用最少的投资和最可靠的方法防治污染。

(5) 污染物排放总量控制的监察

国家规定在总量控制区域的排污单位在排放污染物时，不仅污染物排放浓度要达标，而且污染物的排放总量还要达到总量控制的指标要求。

13.2.3 污染源监察的形式

(1) 定期检查

重点污染源污染物种类多，成分复杂，排污量大，对辖区的环境影响较大。针对重点污染源的定期检查是有计划的监察措施，可督促排污单位采取有效的污染防治措施，实现达标排放，并逐步实现削减污染负荷的目的。

(2) 定期巡查

巡查是根据辖区污染源分布情况，按一定的路线对各种污染源分片、定人、定职、定范围进行巡视检查。这种检查主要是查看污染源排污特征的变动情况（如排污量变化大小，排放去向有无变化，排放规律有无变化等）。定期巡查重点是污染物排放与处理情况和有关环境敏感区的环境保护情况，一般包括：重点污染源巡查、一般污染源巡视、废物倾倒巡视和重点保护区巡视。

(3) 定点观察

采用望远镜或烟尘自动监视仪进行巡视，发现问题进行拍照或录像，通知现场监察人员及时赶赴现场取证处理。定点观察所监视的对象一般是各类烟囱或排气筒。观察点一般设在辖区较高的建筑物上，这样可以将所有的烟囱置于监视范围内，其优点是可以节约大量人力物力，并能进行连续监测，能够及时发现和纠正超标排放。

(4) 不定期检查

一些违反环保法规的行为有时很难通过定期检查发现，如污染物偷排行为、环保设施擅自停运行为、稀释排污行为等。

不定期检查也要按计划进行，一般要根据社会经济发展情况，污染源的特征和环境管理的好坏，不同季节比较敏感的污染物排放行为，如冬季的烟尘排放、夏季的生活污水和医院污水排放等。制订重点对象、重点污染物的不定期检查计划。

(5) 特殊形式检查

特殊形式检查主要包括：污染源执法检查、联片交叉监察、特殊时段检查、污染源监视和组织各部门进行联合执法检查。

13.3 污染防治设施环境监察

污染防治设施环境监察是指环境监察部门依据环境法规的有关规定，对排污单位按规定建设的污染防治设施的管理情况和运行情况进行现场监督检查，并依法对违反环保法规的行为进行处理的环境执法活动，是污染源监察的一部分。

污染防治设施环境监察的目的是保证污染防治设施正常运转并得以良好的管理，从而提高污染防治设备设施的完好率、运转率和达标率，提高环保投资效益，改善辖区的环境质量。

污染防治设施环境监察方法可采用污染源监察的方法，并应与污染源的监察同时进行，在此仅阐述污染防治设施现场监督检查的一些具体做法。

(1) 常规监察方法

“听、问、查、看、测”是污染防治设施现场进行监察的常用方法。“听”是听取排污单位污染防治设施管理与操作人员的介绍；“问”是根据其介绍的情况、以往的监察问题和群众举报等，针对一些关键问题询问其解决的情况、现状等，必要时要求其提供书面材料；“查”是指查阅生产记录、污染防治设施运行记录和监测数据，了解污染防治设施是否配套运行，运行是否正常，处理效果是否达标等；“看”是沿处理工艺路线实地查看，以发现存在的问题；“测”是进行必要的现场监测，可用配备的仪器进行监测，必要时可通知或委托环境监测机构进行现场采样、化验，做好记录，并要求排污单位有关负责人认可并签字。

(2) 实时监察方法

污染防治设施的正常运转是一个连续的过程，为避免企业临时应付检查而应急启用相关污染防治设施，可对重点污染源开展实时监控，在污染防治设施的一些关键部位安装自动监测设备（如流量计、COD测量计等），控制设备与污染防治设施联动，随时记录、贮存监测到的数据信息。监察人员可以调取贮存的记录作为监察证据。

(3) 污染防治设施管理情况检查

污染防治设施的安全运行离不开严格、规范化的管理制度。应建立健全岗位责任制、运行操作规范、监测化验方法等规章制度。建立污染防治设施日常运行情况记录和设施台账，并按规定填报防治设施运行情况表。

污染防治设施应纳入企业日常管理体系，定期进行考核、维护、检修或更新。排污单位及其主管部门应当培训操作人员和管理人员，掌握污染防治设施的性能、操作规程和维修保养知识，保持人员的稳定性。

(4) 污染防治设施的运转情况检查

污染防治设施运转情况，是设施监察的一项重要内容。设施是否正常运转，有无擅自停运或闲置环保设施、超标排放污染物等违法行为，只有通过对防治设施运转情况的现场检查，才能发现并予以纠正和处理，起到有效的督促作用。

污染防治设施运转情况监察主要包括：监控仪表装备情况、运转记录检查、运转效果现场检测、运行操作规范化检查、设施的维护检查和防止二次污染。

(5) 污染防治设施的变动检查

污染防治设施是与污染性生产设施的建立而同步建设的。需要暂时运行、拆除或者闲置、改造、更新污染物处理设施的，应当提前向所在地环境保护部门申报，并申明理由。环境保护部门接到申报后，应当在一个月内予以答复。逾期不答复的，视为认可。

污染防治设施因事故或其他特殊原因暂停运转，又无法提前申报的，排污单位除采取必要措施避免或降低污染损害外，应自停运之时起，24h内向当地环境保护行政主管部门报告情况，同时办理申报手续。停运后将使环境受到严重污染或对社会安全带来重大影响的重点生产设施，需停止运行或停止向环境排放，并通报可能受到污染危害的单位和居民，以减少污染危害和损失。

(6) 污染防治设备和产品的检查

① 污染防治产品规范化检查的主要内容。污染防治产品必须是经省、市级以上环保部门会同技术监督等部门鉴定为合格，并颁发准予销售使用证明的产品。污案防治产品的规格、型号须与相应的有污染的生产设施相匹配。产品生产厂家须经过省、市以上环保部门的质量认证和资格认证。

② 污染防治设施建设的检查内容。

a. “三同时”执行情况。

b. 设计单位在进行环境污染治理工程设计及设备选型时，应当使用通过认证的并经过使用的技术先进、效益好、质量高的环境保护产品。

c. 承担环境污染治理工程设计任务的单位，必须持建设行政主管部门颁发的资格认定书，向环境保护行政主管部门申请办理环境污染治理环保设计资格证书，按照污染治理的有关规定，进行环境污染治理工程设计。

d. 环保补助资金使用情况。检查使用资金是否足额到位；单位配套资金是否落实到位；环保补助资金与单位配套资金比例是否符合要求。

③ 污染防治设施的竣工验收检查内容。

a. 设施建设完工情况，如工程是否如期竣工等施工要求。

b. 试运行情况，如经试运行后，处理后的污染物排放浓度是否达到设计要求，是否符合国家或地方污染物排放标准；处理能力是否符合设计要求。

c. 资金使用情况，如是否按设计比例使用环保补助资金和单位配套资金。经工程决算后，环保补助资金使用是否足额到位或无多报少用或只用环保补助资金而未使用单位配套资金，或只用单位配套资金而将环保补助资金挪作他用等现象。

13.4 建设项目和限期治理项目环境监察

13.4.1 建设项目环境监察

(1) 建设项目环境监察的含义

建设项目，包括新建、扩建、改建、技术改造的工业项目和非土地开发建设项目。对建设项目的环境管理是基于“预防为主”方针，在确定项目阶段要编制完成《环境影响报告书》，在设计阶段、施工阶段和竣工验收阶段实施“三同时”管理。建设项目的环境保护管理纳入基本建设程序，保证建设项目的环境保护管理与建设项目的工程施工同时实施。建设项目环境影响评价与基本建设程序的结合，体现在基本建设程序的各个阶段。

环境监察机构在建设项目过程中要不断对该项目进行检查，具体落实环境管理各项措施，及时发现建设单位或施工单位的环境违法行为并予以处理处置。其主要内容包括：①对建设项目执行环境影响评价制度情况的现场监察检查；②对建设项目执行“三同时”制度情况的现场监督检查；③对建设施工现场环境进行监督检查。

建设项目环境管理是环境保护工作的重要内容，有助于促进产业合理布局与项目优化选址，有效控制新污染源的产生并加强老污染源治理，推动产业结构升级调整和清洁生产实施，切实保护生活环境和生态环境，同时提升产业界人士的环境意识。

（2）建设项目环境监察的要点

① 认真清查辖区内建设项目，杜绝环境建设项目管理漏项、漏批、漏管等问题。对辖区内发生情况不明的建设项目的实施要主动前去查询，查明该项目是否进行了环境影响评价、是否执行了“三同时”制度的审批，手续是否办齐全；看环保部门的审批意见是什么，审批的前提条件有没有，如果有，是什么，有无执行。对没有办理环境影响评价和“三同时”审批手续的建设项目，要立即制止施工，并及时向环境行政主管部门报告，等候决定。

② 对已开工的建设项目，会检查它的施工红线，是否与批准的位置一致，有无移动。已开工的建设项目包括建设性质、建设内容、建设规模、采用的设备和工艺、使用的原料等有无重大改变。《环境影响报告书》中规定的环保措施是否落实，环保设施的资金安排、施工计划、设备订货是否到位。建设项目的实际内容与建设单位所申报的建设内容是否一致，有无虚报、瞒报、漏报或私改项目内容。发现施工行为与施工要求不一致的，应立即报告环境保护行政主管部门。

建设项目的环境监察频次，一般项目每月至少一次，重点项目要加密检查的次数。

③ 环境监察人员应参加建设项目的竣工验收活动。通过参加竣工验收，了解项目的详细情况，掌握该项目的环境优势和不足。对验收时提出的需进一步完善的内容，在以后进行现场监察时应给予特别的重视，监督其按时完成。

对工业企业项目的关键部位、关键排放口进行严格验收。所有的排放口都要达到规范要求，否则不予验收。在项目试车阶段，环境监察就要同时进行，提出的环境监察报告是建设项目竣工验收的依据之一。建设项目竣工验收通过后，竣工验收清单副本要交给环境监察机构保存，以便今后查验。

④ 关注建设项目的生态环境问题。对区域性、流域性、资源开发和资源利用项目，生态建设项目，要特别做好环境影响评价工作。对项目的生态保护效果和生态破坏效应要特别注意。要关注该项目建设施工过程，尽量减少对生态环境的破坏，如有破坏，要限期恢复，严禁野蛮施工。

⑤ 对分散小型企业、乡镇企业建设项目的环境监察。检查实施的项目是否属于淘汰、限制、禁止的行业、工艺、设备，若属于应取缔的要坚决取缔。

⑥ 对居民区、小城区、农村环境的建设项目，“三产”项目，居民服务的项目，餐饮娱乐业等建设项目进行环境监察。

如果对环境的影响很小，不需要环境影响报告书、报告表时，一定要填写环境影响登记表，将其纳入管理范围。其环境监察重点是防止生活环境的破坏和建设项目引发的环境纠纷，如有发现应及时纠正。

（3）建设项目环境违法行为的查处

依据《建设项目环境保护管理条例》的有关规定，建设项目环境违法行为的查处由负责审批该项目的环境影响报告书（表）的环境保护行政主管部门施行。环境监察部门要把建设项目的违法情况及时报告给环境保护行政主管部门，并在环境保护行政主管部门作出处罚决定后监督检查执行情况。

13.4.2 限期治理项目环境监察

(1) 限期治理项目的定义

限期治理项目是指政府责令污染源在规定期限内完成治理任务的环保工程，主要针对以下三类对象：一是环境污染严重、排污量大、群众反映强烈的污染源；二是特别保护区内不符合环保要求却无法关停并转的污染源；三是法律法规明确规定须限期治理的污染源。这类项目具有四个特征：法律强制性、明确时限要求、具体治理任务与指标规定，以及清晰的治理对象界定。

限期治理项目的确定，应由有管辖权的人民政府决定或者由其委托的环境保护部门决定。

(2) 限期治理项目违法行为的查处

限期治理制度是一项强制性的法律制度，要追究法律责任。

限期治理项目违法行为的认定有两个要素：一是预期；二是治理工程未完成，或已完成但环境目标没达到。

环境监察部门发现经限期治理逾期未完成治理任务的企事业单位，除依照国家规定加收超标准排污费外，应当报告环境保护行政主管部门根据所造成的危害后果处以罚款，或者由作出限期治理决定的人民政府责令停业、关闭。责令中央直接管辖的企事业单位的停业、关闭，需报国务院批准。

发现造成严重污染的企事业单位经限期治理，逾期未完成治理任务的，可以按照国家规定征收两倍以上的超标准排污费，并按上述程序报告环保主管部门和人民政府。根据所造成的危害和损失处以罚款，或者责令其停业或关闭。

限期治理项目的期限一般不得延长；特殊情况需要延长时，应报原决定机关批准。

习题

在线习题

1. 环境监察的含义和特点各是什么？
2. 环境监察的主要任务与职责是什么？
3. 污染源监察的含义和一般内容是什么？
4. 污染源监察的形式是什么？
5. 污染防治设施环境监察的含义和一般方法是什么？
6. 建设项目环境监察的含义和监察要点是什么？

参考文献

[1] 陆平，余洲，周菊霞．环境规划与管理研究．长春：吉林人民出版社，2023.

[2] 王敏，程文，任杰辉，等．环境规划与管理．北京：中国水利水电出版社，2022.

[3] 任月明，刘婧媛．环境保护与可持续发展．北京：化学工业出版社，2020.

[4] 钱易，唐孝炎．环境保护与可持续发展．北京：高等教育出版社，2000.

[5] 刘立忠，杨毅．环境规划与管理．2 版．北京：中国建材工业出版社，2023.

[6] 叶文虎．环境管理学．北京：高等教育出版社，2001.

[7] 张承中．环境管理的原理和方法．北京：中国环境科学出版社，1997.

[8] 曲格平．从斯德哥尔摩到约翰内斯堡的道路——人类环境保护史上的三个路标．环境保护，2002（06）：11-15.

[9] 赵腊平．"两山"理论的历史、理论和现实逻辑—写在习近平总书记提出"两山"理论十五周年之际．（2020-08-16）[2021-03-01]．http：//www．mnr．gov．cn/zt/zh/xjpstwmsx/zypl _ 36556/202008/t20200816 _ 2542131．html.

[10] 中国政府网．中共中央 国务院关于全面加强生态环境保护 坚决打好污染防治攻坚战的意见（2018-06-24）[2021-03-01]．http：//www．mee．gov．cn/zcwj/zyygwj/201912/t20191225 _ 751571．shtml.

[11] 《管理学》编写组．管理学．北京：高等教育出版社，2019.

[12] 邢以群．管理学．5 版．浙江：浙江大学出版社，2019.

[13] 周三多，等．管理学：原理与方法．7 版．上海：复旦大学出版社，2018.

[14] 郭怀成，等．环境规划学．2 版．北京：高等教育出版社，2009.

[15] 孙强．环境经济学概论．北京：中国建材工业出版社，2005.

[16] 严法善．环境经济学概论．上海：复旦大学出版社，2000.

[17] 朱庚申．环境管理学．北京：中国环境科学出版社，2007.

[18] 宁夏生态环境．时间轴盘点丨新中国成立 70 周年环境保护大事记（2019-10-24）[2020-11-01]．https：//www．63．com/dy/article/ES9BSB5L0514NJ6N．html.

[19] 海外网-中国论坛网．深入领会习近平"三期叠加"的重大战略判断．（2018-06-04）[2020-11-01]．http：//m．haiwainet．cn/middle/3543378/2018/0604/content _ 31327940 _ 1．html.

[20] 董战峰．"十四五"抓好六大生态环境保护政策领域改革．（2019-09-28）[2020-12-01]．http：//cn．chinagate．cn/environment/2019-09/28/content _ 75256152．htm.

[21] 中国环境报社．迈向 21 世纪——联合国环境与发展大会文献汇编．北京：中国环境科学出版社，1992.

[22] 叶文虎，张勇．环境管理学．3 版．北京：高等教育出版社，2013.

[23] 张璐．环境与资源保护法学．3 版．北京：北京大学出版社，2018.

[24] 张承中．环境规划与管理．北京：高等教育出版社，2007.

[25] 环境保护部科技标准司．中国环境保护标准全书．北京：中国环境科学出版社，2013.

[26] 王金南．国家十二五环境规划技术指南．北京：中国环境出版社，2013.

[27] 杨晓华，等．环境统计分析．北京：北京师范大学出版社，2008.

[28] 孙水裕．环境信息系统．北京：化学工业出版社，2004.

[29] 许振成，彭晓春，贺涛．现代环境规划理论与实践．北京：化学工业出版社，2012.

[30] 郭怀成，尚金城，张天柱．环境规划学．北京：高等教育出版社，2002.

[31] 刘利，潘伟斌．环境规划与管理．北京：化学工业出版社，2006.

[32] 曲向荣．环境规划与管理．北京：清华大学出版社，2013.

[33] 何德文，刘兴旺，秦普丰．环境规划．北京：科学出版社，2013.

[34] 李天昕．环境规划与管理实务．北京：冶金工业出版社，2014.

[35] 任一鑫，等．循环经济集成理论与方法．北京：经济科学出版社，2019.

[36] 王汉洪，邓学文．蓝色未来：循环经济探索与发展．北京：企业管理出版社，2021.

[37] 谢海燕．企业循环经济模式研究．北京：中国财政经济出版社，2020.

[38] 李健．循环经济．北京：化学工业出版社，2016.

[39] 袁长祥．用能产品生态设计实用指南．北京：中国标准出版社，2009.

[40] 中国环境出版社．环境标志产品技术要求．北京：中国环境出版社，2014.

[41] 邓南圣，王小兵．生命周期评价．北京：化学工业出版社，2000.
[42] 陈莎，刘尊文．生命周期评价与Ⅲ型环境标志认证．北京：中国标准出版社，2000.
[43] 曹国志，等．环境绩效评估：理论与方法．北京：中国环境出版社，2015.
[44] 赵耿毅．环境绩效审计实务指南．北京：中国时代经济出版社，2010.
[45] 董战峰，等．城市环境绩效评估方法与实证研究．北京：中国环境出版集团，2018.
[46] 董战峰，等．环境绩效评估与管理中国的探索与创新．北京：中国环境出版集团，2018.
[47] 汪光焘，等．城市生态建设环境绩效评估导则技术指南．北京：中国建筑工业出版社，2016.
[48] 曲向荣．清洁生产与循环经济．2版．北京：清华大学出版社，2021.
[49] 曲向荣．清洁生产．北京：机械工业出版社，2012.
[50] 雷兆武，等．清洁生产与循环经济．北京：化学工业出版社，2017.
[51] 李景龙，马云．清洁生产审核与节能减排实践．北京：中国建材工业出版社，2009.
[52] 杨永杰．环境保护与清洁生产．3版．北京：化学工业出版社，2017.
[53] 国家环境保护总局科技标准司．清洁生产审计培训教材．北京：中国环境出版社，2001.
[54] 黄磊，等．环保管家工作技术手册．北京：化学工业出版社，2020.
[55] 李新创．冶金工业规划研究院．解读《钢铁行业“十四五”节能减排工作重点》，2022.
[56] 徐娟．化工生产废水环保处理方法研究．资源节约与环保，2020，(09)：111-112. DOI：10. 16317/j. cnki. 12-1377/x. 2020. 09. 060.
[57] 中华人民共和国生态环境部．2021年中国生态环境统计年报．(2023-01-18). https：//www. mee. gov. cn/hj-zl/sthjzk/sthjtjnb/202301/t20230118_1013682. shtml.
[58] 中华人民共和国生态环境部．2022年中国生态环境统计年报．(2023-12-29). https：//wzq1. mee. gov. cn/hj-zl/sthjzk/sthjtjnb/202312/t20231229_1060181. shtml.
[59] 中国建筑能耗与碳排放研究报告（2023年）．建筑，2024，(02)：46-59.
[60] 许红霞，苏艺，翟圣佳，等．我国水泥行业发展存在的问题及环保对策建议．环境保护科学，2013，39(3)：72-75. DOI：10.16803/j. cnki. issn. 1004-6216. 2013. 03. 018.
[61] 中华人民共和国生态环境部．专家解读丨严格落实《新污染物治理行动方案》加快推进石化化工行业绿色发展．(2022-07-17). https：//www. mee. gov. cn/zcwj/zcjd/202207/t20220717_988844. shtml.
[62] 冯雨峰，孙振世．生态环境监察．北京：中国环境科学出版社，2012.
[63] 阮亚男．环境监察．中国环境出版集团，2018.
[64] 阮亚男．环境监察实务．北京：中国人民大学出版社，2013.